JN111297

Submarine mechanism Complete Guide

潜水艦のメカニズム完全ガイド

［第2版］

元川崎重工業株式会社
潜水艦設計部長
佐野　正 著

秀和システム

まえがき

本書の初版が出版されたのは2016年3月です。2014年に「武器輸出三原則」に代わる「防衛装備移転三原則」が閣議決定され、その後オーストラリアへの潜水艦輸出の国際入札で日本が敗れたことが報じられていた時期でした。その頃の潜水艦は、そうりゅう型が順次竣工しており、「おやしお型」と共に日本の安全保障を支えていました。

その後、世界や日本の安全保障の状況が激変し、2022年12月に防衛3文書（戦略3文書とも言われますが、本書では報道等で一般に用いられている呼称によります）が閣議決定されるに至りました。また、2022年初頭にはそうりゅう型に続く最新鋭潜水艦「たいげい」が竣工し、様々な機能が付与されました。

本書は、それら潜水艦の技術動向やその後の女性乗員誕生などの変化も含めて、最新の情報をもとに日本の潜水艦について解説したものです。

最新技術により建造された潜水艦の保有は、世界のパワーバランス上重要な位置付けにあります。それだけに、潜水艦の設計・建造は秘密やノウハウの塊と言え、その流出を日本としていかに防止するかが重要です。現在の潜水艦は、戦闘の道具というより、「高度な哨戒・警戒・攻撃能力を備えて密かに潜んでいることで、戦争への抑止力や所有国の軍事的プレゼンスを維持・強調すること」にその存在価値がシフトしてきているからこそ、秘密やノウハウを守る必要がある、とも言えます。

一方、潜水艦という「ビークル」（乗り物）は、航空機や宇宙船（ロケットも）などと同じように、人間が生きていけない環境で所定の目的を達成しようとして、あえて技術開発されたものです。潜水艦は、「海中という過酷（高圧力で空気がなく

写真提供：海上自衛隊

低温で暗黒）な環境」、航空機は「空気が希薄で低温環境の高層大気圏（対流圏）」、宇宙船は「空気がなく無重力・無気圧の宇宙空間」が対象です。そうであるがゆえに、これらのビークルの要素技術を解説して、多くの方に興味を持っていただくことは、今後の技術者育成にも役立つと考えられます。

ところが潜水艦の場合は、航空機や宇宙船と異なり軍事利用がほとんどであるため、何でもかんでも秘密扱いになりがちです。そこで本書では、潜水艦の設計・建造に携わった筆者の長い経験から、秘密やノウハウの流出に繋がらない範囲で、科学技術に関心のある方の知的興味を少しでも満たしていただけるよう、筆者のよく知る日本の潜水艦の要素技術を、わかりやすく解説することにしました。

それにしても、潜水艦のように海を相手にするということは、自然を相手にするということです。これまで自然に挑戦してどれだけ多くの人々が命を失ってきたことでしょうか。潜水艦もまたしかりで、戦闘の結果ではなくその進化の過程で、自然の力に屈して数多くの人命が犠牲になりました。そこから得られた1つの教訓は、「計り知れない巨大な力を持つ自然に対して、人類は畏怖の念を持って従順であるべき」ということです。そのような意味で潜水艦の歴史は、挑戦を繰り返しつつ、従順に自然の力を受け入れたうえで、経験と技術でそれらを克服してきた歴史だと言えるでしょう。

なお、潜水艦の運用戦術、潜水艦ならではのシステムである「武器システム（Weapon System）」の概要については、海人社の月刊誌『世界の艦船』などで海上自衛隊出身者や軍事評論家の方々によって詳しく紹介されています。本書ではあえてこの分野にはあまり触れていないため、そういった記事に日頃親しんでおられる軍事マニアや潜水艦通の方々には多少物足りないかもしれません。本書は、海中の過酷な環境の中を安全かつ自由に動き回れる潜水艦の技術について興味を持っておられる方々を対象に、その基本的な技術の解説をしたものです。

それからもう1つ、先端技術を駆使した技術ノウハウの塊である潜水艦も、それを動かすのは人間です。マンマシンインターフェースの片側にいる人間は、決してスポットライトを浴びることのない職業だと承知のうえで、過酷な世界の「潜水艦乗りになった人達」（ドルフィン、どん亀*）です。潜水艦技術の使い手である彼らのことにも少し触れたいと思います。

2023年9月　佐野 正

---

* 世界共通で潜水艦や潜水艦乗りのことを「ドルフィン（イルカ）」と言いますが、日本では20世紀初頭の潜水艦黎明（れいめい）期以来、潜水艦やその乗員のことを「どん亀」と称しています。

CONTENTS

Chapter 6 潜水艦の設計・建造技術 ～約100年の技術進歩とノウハウ蓄積～

Chapter 7　最新鋭の潜水艦を寿命期間中どう維持するか（メンテナンス、改造）

Chapter 8　潜水艦技術の応用編 ～ここでも潜水艦技術が活躍しています～

Chapter 9　「海の忍者」も楽じゃない（仕事と生活）

Chapter 10　技術を駆使する潜水艦乗り（どん亀）

Chapter 11　これからの潜水艦はどうなっていくの？

Chapter
1

海の世界へ

1-1 海の世界へ

潜水艦が活躍する海とはどんな世界なのでしょうか。

過酷な海の世界

砂浜から見る海や港で見る海は、太陽が照り、そよ風が吹いて、海はまばゆいぐらいキラキラと光って見えます。そして、海水浴をしたり、スクーバダイビングでサンゴ礁や熱帯魚に感動したり、サーフィンしたり、岸壁で魚釣りをしたり……。しかし、これは優しいときの海のほんの一面でしかありません。

地球の表面積の約7割を占める海は、様々な形で人間の生活に影響を及ぼしています。まず、魚をはじめとする海洋生物や海洋植物は人間の貴重な栄養源です。

また、気象にも大きな影響を与えていて、台風や「気候の変動（冷夏や暖冬など）」の原因にもなっています。そして、海流は魚類の移動に影響を与えるだけでなく、その蛇行が思わぬ異常気象の原因になったりもします。風が吹けば波が発生して、ときには10mを超える巨大なうねりとなり、船舶を木の葉のように翻弄します。

これら海流や波のエネルギーは、海流発電や波浪発電に利用されたりもします。海洋で地震が起これば、津波が発生してものすごい速さで押し寄せてきます。そして、湾に入って奥へ行くほど、水深が浅くなるほど、津波の波高が高くなり、陸に対して猛威をふるいます。

一方、船は紀元前から海や川を利用した大量輸送の手段であり、航空機や鉄道、自動車が発達した今日でも輸送量としては断然トップです。現在でも、この「海上輸送路（シーレーン）」の確保が国家の安全保障の重要なテーマになっています。このように、海の事象を記述し始めたらきりがありません。ところが、これらの事象は海といってもほんの表層を対象にした話に過ぎません。

近年、海底下の地下資源をめぐって「EEZ（Exclusive Economic Zone：排他的経済水域）」の主張がぶつかり合う国家間の紛争が起こっています。これは、海底や海底下に対して技術的にいろいろな調査を行えるようになってきたことが原因の1つです。海は表層から深くなっていくほど過酷な世界になり、人類はなかなか思うように入り込んでいけなかったのです。

しかし、技術が進歩して、人間（または人間が造った機械や装置）が海の深いところまで安全・確実・低コストで行けるようになれば、海や海底下に眠る未利用で貴重な恵みを享受できるようになると思われます。

それでは、海の中はどんな世界で、実際にどんな過酷さが人間の侵入を拒絶しているのか、多少技術的になりますが次のようにまとめられます。

---

1. 人間が肺呼吸をするための空気が存在しない。
2. 海水密度（単位体積当たりの質量）は、空気の約800倍もある。このため、深く潜るほど大きな圧力を受ける（生身の人間が潜れるのは、競技としてのフリーダイビングを除けば、せいぜい数十m）。
3. 電波や光などの電磁波は、海水の導電率が高いためにほとんど使えない（届かない）。
4. 海の極表層部以外は太陽の恵みを受けられない（太陽光が届かない）。それは、太陽光が電磁波だから。
5. 太陽光の届かない暗黒の世界では、潜るほどに温度が下がる。赤道直下の海であっても100mも潜れば、周囲は暗黒で温度も5℃程度。
6. 海水は電気を良く通すため絶縁処理が難しい。　…など。

潜水艦とは

このように、人間は容易には海中深く潜れません。そして、地上や空中から海中の物体を見つけることも容易ではありません。

比較的古くから海中に活躍の場を見いだそうとした潜水艦は、この困難と闘ってきたと言えます。技術的困難と格闘しながら、海中に身を隠すことが少しずつ上手になったことで、「海の忍者」と呼ばれるようになったのでしょう。

潜水艦は、その動力源の違いから原子力潜水艦（以下「原潜」とも称する）と通常動力型潜水艦に大別され、わが国は後者に属する通常動力型潜水艦を保有しています。

それでは、潜水艦とはいったいどんな乗り物で、どんな過酷な環境を克服しているのでしょうか。

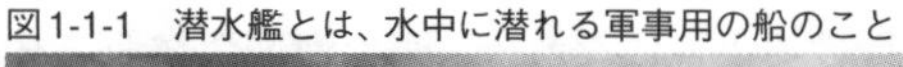
図1-1-1　潜水艦とは、水中に潜れる軍事用の船のこと

写真提供：川崎重工業株式会社

◆人間が生きることのできない環境で活動する

まず、海中では生身の人間は生きることができません。海は潜るに従って水の圧力が高くなり、潜水艦は周囲から締め付けるような強い圧力を絶えず受け続けます。そして、海水中は、人間の肺呼吸に欠かせない「空気」(窒素を主に酸素などを含んだ気体) がありません。

図1-1-2　耐圧殻のイメージ

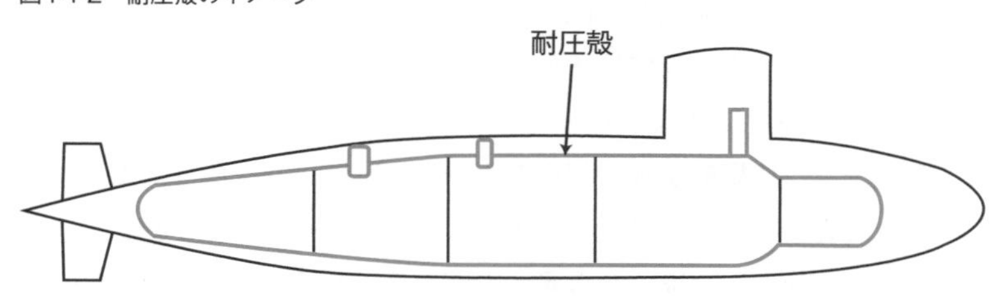

そのため、潜水艦は人間が生きられる環境（生命維持空間）を提供することが不可欠であり、外部の圧力から守られた生命維持空間を提供するのが「耐圧殻（たいあつこく）」です。潜水艦の耐圧殻に求められるのは、「強い圧力に耐えられ、数十人から（原潜の場合は）100人を超える規模の人間が、長期にわたって連続的に仕事をし、生活できる場を提供する」ことです。

◆活動範囲は水深数百ｍまで

潜水艦の耐圧殻は、海中に潜れば潜るほど巨大な圧力がかかるため、頑丈な構造としなければなりません。しかし、ひたすら丈夫にして重量が重くなってしまっては、浮上させるのが大変です。海底の調査をする潜水船であれば、丈夫さを優先して数千ｍも潜る船が造れます。しかし、潜水艦は海上から身を隠して行動できればよいので、せいぜい数百ｍも潜ることができれば充分です。水深約1万ｍの日本海溝に潜る必要はありません。

それよりも、海中でも戦闘機のように自由自在に動けることが重要です。「なぜ、数百ｍも潜れば充分なのか」は、第4章と第5章で詳しく説明しましょう。

図1-1-3　穏やかに見える海も、100m以上の深海は冷たく暗黒の世界

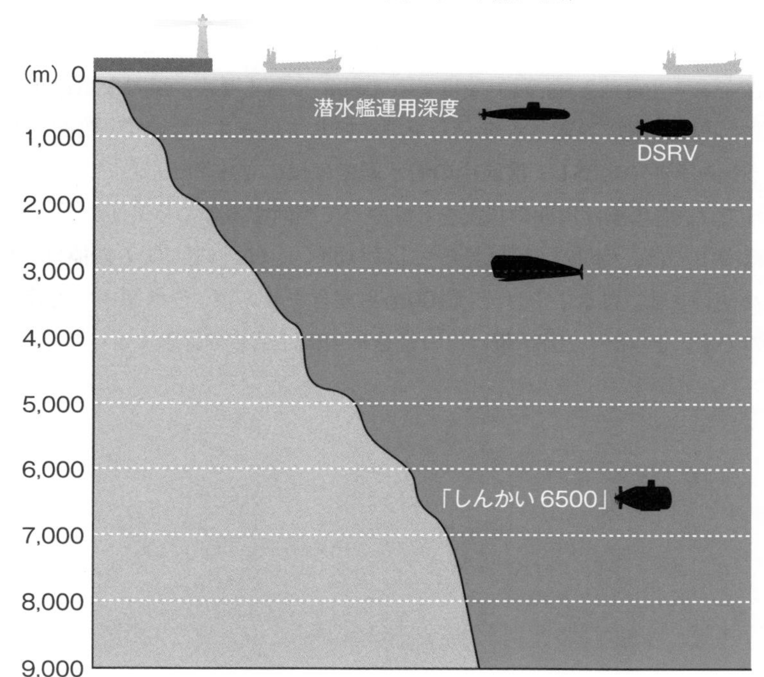

◆動力等のエネルギーの確保

通常動力型の潜水艦は、浮上した海上と潜航した海中とで、使う動力源が切り替わります。

海上では、大型のディーゼルエンジンで発電機を駆動してできた電力でモーターを回し、そのモーターの力でプロペラ（スクリュー）を回転させることで、推進力を得ています。ところが海中では、ディーゼルエンジンなどの内燃機関（エンジン）は空気がないので利用できません。そのため、海中では空気を必要としない動力源である「電池」から電力を得て、モーターを回して推進力を得ています。

一方、原子力潜水艦の動力源である原子炉は、空気を必要としません。そのため、原子力潜水艦は海上でも海中でも、原子炉で発電機を回すことで豊富な電力を得ることができます。

なお、通常動力型潜水艦では、電池として充電が可能な「2次電池（蓄電池）」を使っています。2次電池の残量が減ってきた場合は、海上から外気を取り入れてエンジンで発電して、2次電池への充電を行います。

◆暗黒で電波の届かない世界

海中は暗黒の世界なので、周囲を見る視力は全く役立ちません。また光と同じ電磁波である「電波」も、海中ではまるで役に立ちません。強力な電波を出しても、瞬く間に海水に吸収され減衰して消えてしまいます。なので、船舶や航空機が使うレーダーやGPSは、潜航中の潜水艦では役に立ちません。

それでは、潜水艦は周囲の状況をどうやって判断するのでしょうか？

実は海中では、人間の「目」（見る）、「耳」（聞く）、「口」（話す）の機能は、すべて音波を使います。海水中では光は100mも届きませんが、音は海中でも遠くまで届くのです。そのため、潜水艦はこの音を有効に活用して行動するのです。

Chapter 2

潜水艦の歴史

2-1 世界の潜水艦史

海中に潜りたいという願望は太古の昔からありました。それが潜水艦として実現し、発展していく歴史について見ていきましょう。

水中を知りたい

素潜りではなく、「人が水の中にちゃんと潜りたい」という願望は、大昔からあったようです。

例えば、かの有名なアレクサンダー大王は、紀元前337年に「ガラスの樽(glass barrel)」に入って海底まで潜ったということが伝えられています。その後も幾多の試みがあったでしょうが、歴史には残っていないようです。

図2-1-1　アレクサンダー大王の「ガラスの樽」

さて、現在の潜水艦の原型となる構想は意外と古く、1578年に英国人のWilliam Bourneが発表した「潜水艦の原理と構想」が最初だと言われています。これには、かなり大雑把なものとはいえ、重量浮力を調整する潜航・浮上の方法や、櫂（かい）で水中を推進する方法が記載されています。実際に建造されることはなかったものの、その後に影響は与えたと思います。

実は1620年には、オランダ人科学者のCornelius Drebbelが、実際に「潜水艦らしいもの」を造っています。彼は英国海軍のためにWilliam Bourneのコンセプトを参考にした人力推進の潜水艇を建造して、テムズ川で実験を行いました。しかし、当時の英国海軍は「潜航できる船」に軍艦としての興味を示さなかったようです。それは、16世紀後半から17世紀前半はルネサンス晩年期で、海軍力が国力を左右する時代ではなかったことと、このときの潜水艦に戦争の勝敗を左右する力がなかったことからだと思われます。

その後も、いくつかの提案や研究が行われましたが、各国の海軍も戦闘手段としての潜水艦を本格的に取り上げなかったようです。

図2-1-2　Cornelius Drebbel

戦闘手段として最初に潜水艦が歴史に登場するのは、米国の独立戦争中に建造された「Turtle」だと言われています。このTurtleは、David Bushnellによって1775年に設計され、ジョージ・ワシントンの支援も得た潜水艦です。

Turtleは名前の通り亀のような、現代の潜水艦とは似ても似つかない形状をしています。このTurtleは、潜水しながら爆弾を敵艦の下に取り付けて、敵艦を爆破する潜水艦です。しかし、水中で敵艦に爆弾を取り付けるために必要な安定性確保、すなわち「位置保持（海流等の流れにあっても定位置にホバリングする能力）」と「反力（潜水艦を敵艦に対して多少押し付ける力）の確保」がうまくできなくて、目的は果たせなかったようです。

ところで、米国の独立戦争時代の1775年は、ヨーロッパではナポレオン率いるフランスと英国のネルソン提督が戦った時代の少し前であり、既に海軍力が国力を示す時代になってきました。

図2-1-3　英国のRoyal Navy Submarine Museumに展示されている「Turtle」のレプリカ

さて、米国の独立戦争で現れた潜水艦が、実際に戦果を挙げたのはいつでしょうか？　それは約100年後、同じく米国の南北戦争です。1864年、南軍の潜水艦「H・L・ハンリー」が北軍のスループ艦「フーサトニック」を撃沈しました。沈没した場所は、サウスカロライナ州チャールストン港外でした。

図2-1-4　南軍のH・L・ハンリー

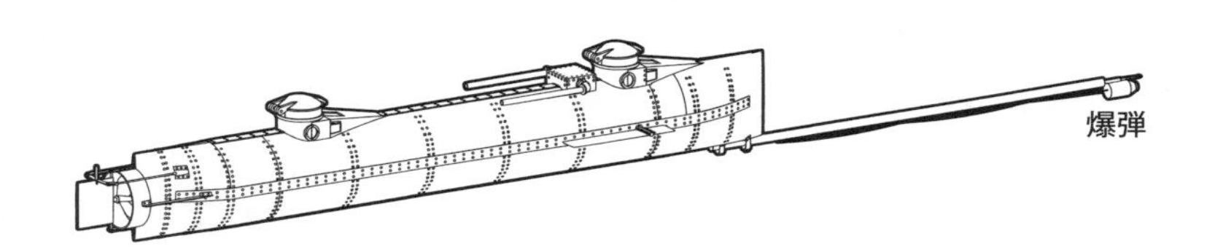

南北戦争当時の潜水艦は、「人力で推進器を回して撃沈したい相手艦の下に潜り、その船底に爆弾を引っかけて遠隔操作で爆発させる」というものでした。ただ、当時は技術が未熟で、H・L・ハンリーは北軍の軍艦を撃沈するという戦果を挙げましたが、自らも沈んでしまって帰港できず、全員が死亡しました。当時の海軍は命がけで潜水艦の可能性についてチャレンジしていたのです。

なお、H・L・ハンリーは2000年にチャールストン港外で引き揚げられ、現在は当地で歴史的な遺産として保管・展示されています。

H・L・ハンリー以後、潜水艦の基本である潜航と浮上、海中での操縦、耐圧殻の安全性については徐々に進化を遂げますが、海軍の戦闘能力として潜水艦の有効性が飛躍的に高まるのは、「魚雷」が登場してからです。

魚雷は、19世紀の中頃に開発された水中兵器です。それが潜水艦に最初に搭載されたのは1885年、スウェーデンの「Nordenfelt艇」です。

魚雷が登場するまでは、敵艦に直接爆弾を取り付けるという、いわば決死の特攻手段だった潜水艦が、魚雷という兵器を得て変貌します。

水中での運動性能や遠方から敵を探知する技術など、現在の潜水艦の運用で求められる技術が、魚雷の登場をきっかけとして進歩します。

また、特に当時はヨーロッパの「産業革命」(18世紀後半から19世紀にかけて)で、蒸気機関（1769年、英国のワット）、ガソリン機関（1877年、ドイツのオット一)、ディーゼル機関(1892年、ドイツのディーゼル)、鉛電池(1859年、フランスのガストン・プランテ)などが発明され、その後実用化の過程にあった時代ですから、動力・推進系(それまでは基本的に人力)の進化も並行しています。

その後、第1次世界大戦や第2次世界大戦では、潜水艦の技術や運用面での進歩に伴い、戦術的な戦果を挙げるに至ります。特にドイツの「Uボート」の活躍は特筆されています。

しかし、第2次世界大戦までの潜水艦は、潜航時の安全性に問題があり、「潜ることもできる」、「いざというときに潜る」艦でした。そのため、潜水艦といっても目的地までは、普通の船のように水上航走をするのが普通でした。

潜水艦技術の進歩により、現代では潜水艦は、「出港したら潜航できるところまで水上航走し」、「潜航が可能になったら直ちに潜航して」、「任務が終わって帰港するときも入港の直前に浮上する」というのが、一般的な運用方法となっています。

このような運用は、第2次世界大戦後に登場した米国の攻撃型原子力潜水艦「ノーチラス(Nautilus)」から始まったと言われています。

図2-1-5　USS Nautilus, SSN-571

U.S. NAVY PHOTO

原潜ノーチラスは1954年に建造され、1958年には潜航したまま北極海の極点を通過して横断(縦断?)したことで知られています。まさに、長時間の安全潜航を実証したわけです。これが、現代の潜水艦の始まりと言えます。

原潜ノーチラスは1980年に退役し、現在は生まれ故郷である建造所の「General Dynamics社Electric Boat Div.」があるコネチカット州グロトンに保存されています。

なお、ノーチラスという名前は、フランスのSF作家ジュール・ヴェルヌが1870年に発表した代表作『海底二万里』に登場する架空の潜水艦から来ています。

ノーチラスの登場後は、幸いにして世界的な大戦がなく、潜水艦による戦果は多くないものの、ゼロでもありません。例えば1982年に英国とアルゼンチンとで戦われた「フォークランド紛争」では、英国の原潜「HMSコンカラー」がアルゼンチン海軍の巡洋艦「ヘネラル・ベルグラノ」を魚雷で撃沈しています。

このように、実戦での戦果はあまりありませんが、各国の海軍は抑止力として、潜水艦の活用やそのプレゼンスに価値を見いだし、技術の進歩を取り入れて潜水艦が進化することで、一定の効果を上げて今日に至っています。

ここまで、簡単にですが、世界の潜水艦史を技術的な観点から俯瞰(ふかん)しました。技術的には、「潜航・浮上」や「操縦」、「推進（エンジン、モーター）」、「探知」、「通信」など、潜水艦に必要な技術は、それぞれの時代の技術レベル、そしてそれぞれの時代の潜水艦に求められる戦術的要求に応じて進歩してきた歴史があります。潜水艦がその時代の技術の進歩を主導したケースもあれば、逆に恩恵を受けたケースもあります。これらについては、その歴史を追いかけると本が1冊書けるぐらいの量になるので、ここでは省略します。

2-2 日本の潜水艦史

日本の潜水艦の歴史はわずか100年ほどです。

ホランド型潜水艦

それでは、日本の潜水艦の歴史はどうでしょうか。日本で最初の潜水艦は、1904年に建造が開始された「ホランド型」です。

ホランド型は、先述の米国General Dynamics社Electric Boat Div.の技師ホランドが設計した潜水艦で、19世紀後半に開発され、自国以外にも世界各国（英国、オランダ、カナダ、ロシア帝国、日本）に輸出され活用されました。

日本ではホランド型1～5号艦を「ノックダウン建造」（設計図と主要装置・部品を輸入して建造）し、ホランド型6号艦から国産化しました（国産としての1番艦は1906年に川崎造船所〈現、川崎重工業〉で建造）。当時は日露戦争のさなかであり、この戦いに投入するべく、世界的に流行っていた最新鋭潜水艦を日本も獲得したわけです。

図2-2-1　ホランド型潜水艦

写真提供：川崎重工業株式会社

ところが、このホランド型潜水艦は日露戦争の戦いに間に合わなかったばかりか、歴史上有名な「佐久間艇長の殉職事故」を起こします。ホランド型潜水艦はガソリン機関を搭載しており、事故当時はガソリン機関を運転する、今で言うところの「スノーケル航走」(4-7項参照) の訓練中でした。今では考えられないほど未成熟であったスノーケル給気筒の閉鎖機構の不具合で浸水し、海底に沈没します。そして、救出ができないまま全員が殉職した事故でした。

図2-2-2　ホランド技師 (John Philip Holland)

その後、技術の進歩により、海軍での役割――例えば対艦や対船の探知・攻撃、輸送、空母機能など――を果たしてきました。第2次世界大戦末期の「伊400型」は、全長122m、基準排水量3,530トン、航空機 (晴嵐(せいらん)) 3機搭載の空母型長距離巡航潜水艦で、当時の日本が持つ技術力のすべてをつぎ込んで設計・建造されました。

2015年5月に放映されたNHK『歴史秘話ヒストリア』は、ハワイ沖の海底に静かに眠る伊400型潜水艦の発見を機に、この潜水艦の建造技術を紹介する番組でした。潜水艦をよくご存じない一般の方も、この番組を見て当時の技術力の高さに驚かれたに違いありません。

図2-2-3　旧日本海軍の伊402

写真提供：月刊 世界の艦船

第2次世界大戦後、しばらくは米軍統治のもと潜水艦の保有が禁じられていました。その後、1950年の朝鮮戦争勃発を契機に、警察予備隊の創設から保安隊を経て1954年に陸上・海上・航空の各自衛隊が設置されました。その海上自衛隊の戦力の1つとして1955年に米国から潜水艦が貸与され（日本名「くろしお」）、戦後日本における潜水艦の空白を埋めるべく、設計・建造の再開に向けた動きが始まりました。戦後の日本における国産一番艦は1960年建造の「おやしお」です。

図2-2-4　戦後初の国産潜水艦である「おやしお」*

写真提供：海上自衛隊

*艦橋に艦番号（511）が書いてあるのは、建造所による公試運転（引き渡し前）のときの状態です。この写真は公試運転中に海上自衛隊が空撮したものです。

その後は、ほぼ1年に1艦のペースで潜水艦を建造しています。戦後の潜水艦の歴史は、まさに日本における技術進歩と共に進化していく歴史です。1970年頃までは大戦時の技術がベースであり、2軸水上航走重視船型で「潜ることもできます」的な潜水艦でしたが、1971年建造の1軸水中航走重視船型（1軸涙滴型）の潜水艦「うずしお」から、水中性能の飛躍的向上が図られました。

図2-2-5　海上自衛隊の「うずしお」

写真提供：海上自衛隊

図2-2-6　推進軸の違い

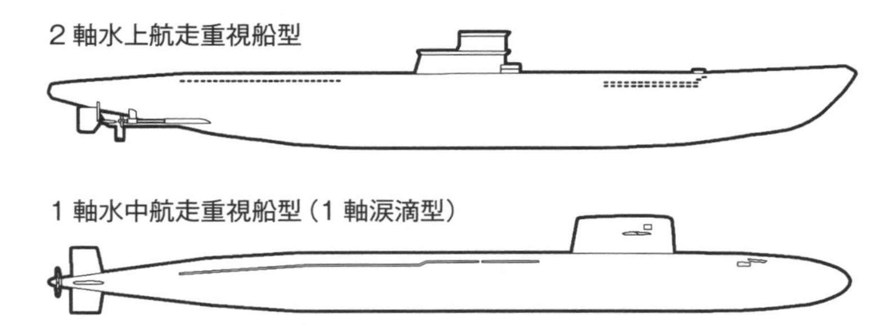

推進器プロペラの2軸から1軸への変更は、推進系の冗長性を犠牲にして水中の運動性能を優先させるものです。その背景には、直流電動機（制御回路を含む）やプロペラ軸、プロペラなどの推進系の信頼性向上があります。

その後、高強度鋼材の適用による潜航深度の増大（1970年代）、静粛化（1980年代以後）、自動化・システム化（1990年代以後）、水中持続力向上のためのAIP化（2000年代以後）、リチウム電池化（2020年代以後）……と、技術進歩に応じてわが国の潜水艦も進化してきています。

こういった、現代の潜水艦でも適用されている技術については、本書で解説していきます。

図2-2-7　2代目「おやしお」

写真提供：海上自衛隊

図2-2-8　そうりゅう型1番艦の「そうりゅう」

写真提供：海上自衛隊

2-3 世界と日本の潜水艦事情（現在）

世界各国が潜水艦の建造や運用を目指していますが、そう容易なものではありません。

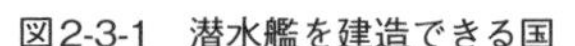 潜水艦を建造できる国

現在、ほぼ自国の技術だけで潜水艦の設計と建造ができる国は、米国やヨーロッパの数か国、ロシア、日本。そして最近は、中国や韓国、インド、ブラジル、オーストラリア（主要国との共同開発を含む）も仲間入りしています。

一方、潜水艦を設計して建造する技術力がない国も、潜水艦を保有・運用することは可能です。これらの国は、潜水艦を輸入して対応しています。そのため、運用は自前でできても、技術は輸出国に依存せざるを得ないことになります。

現在、潜水艦の輸出国は、主にヨーロッパ（ドイツ、フランス）およびロシアで、中国や韓国も輸出に力を入れ始めています。いずれも外貨獲得の有力な手段として、場合によっては政府首脳が輸入国にトップセールスで売り込むほどです。この外貨獲得により、軍事予算縮減が続く中で潜水艦の建造およびその技術の維持を図っています。

図2-3-1　潜水艦を建造できる国

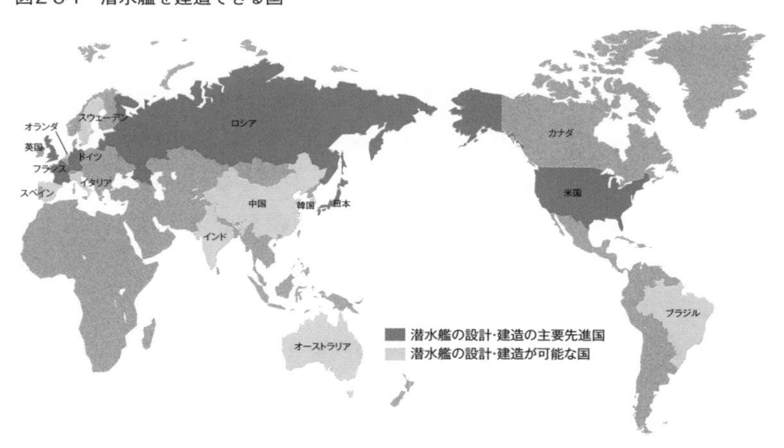

米国の潜水艦

驚くかもしれませんが、米国は現在、潜水艦を輸出していません。それは、米国が原潜だけを建造しているからです。

原潜は通常動力型潜水艦に比べ値段で5～10倍と非常に「高価」なだけでなく、設計や建造、運用技術も非常に高度です。そして、国策として戦略的な優位性を維持するため、建造・運用技術の国外流出を避ける必要から、原潜の輸出をしていませんでした。ただし、2021年に世界の安全保障環境の変化に対応するため、米英とオーストラリアの安全保障の枠組みであるAUKUSで、米英は（フランスとの通常動力型潜水艦の開発契約を破棄して）オーストラリアに原潜技術を供与することになりました。

もともと米国は造船業が盛んでしたが、現在では、造船業は主要な産業ではなくなっています。一方で、艦艇を設計・建造する能力は、その国の国力やプレゼンスのバロメーターの1つです。そのため米国では、自国の軍事目的に合致した原潜に絞って、国が主導してその技術を維持しています。

米国では、「General Dynamics社Electric Boat Div.」と「Huntington Ingalls社Newport News Shipbuilding」の2つの造船所が、国と一体になって技術の維持を図りつつ、長期的な国家予算計画に基づいて原潜を建造しています。

さて、日本の潜水艦は通常動力型ですが、通常動力型としての評価は高く、日本の最新技術力が反映され、その技術がふんだんに取り入れられています。

特に、潜水艦としての静粛性は世界のトップクラスです。このため、日本の潜水艦が欲しいという国は多いと思われます。ところが、日本が潜水艦の輸出国ではないのは、「武器輸出（禁輸）三原則」で国が潜水艦の輸出を禁止していたからです。たとえ武器輸出三原則が見直されたとしても、日本の潜水艦は多機能大型艦のため比較的高価で、複数隻（メンテナンス上、複数隻での運用が一般的）の輸入を考えると、新興国では容易に手にすることができないと思われます。

2014年に「武器輸出三原則」に代わる「防衛装備移転三原則」が閣議決定されたのに伴い、オーストラリアへの輸出を試みましたが、フランス、ドイツとの3国の国際入札でフランスに敗れてしまいました。政府の指針を見直したからといって、すぐに潜水艦の輸出ができるわけでもありません。

なぜ、日本の潜水艦が比較的高価なのかというと、通常動力型潜水艦の中では多機能大型であることに加え、ほぼすべての技術が国産であり、日本の企業が日本の潜水艦のみのために少数だけを製作しているためです。

ほとんどが特注品である個々の機器が高価になるのは、やむを得ません。日本は防衛計画の大綱*で、潜水艦の目標保有隻数を22隻（2022年3月にこれを達成）と定めています。現在の情勢で最低限の専守防衛用の潜水艦を維持するのは、それなりにコストがかかるということです。

***防衛計画の大綱**：日本の安全保障政策の基本的指針であり、およそ10年後までを念頭に中長期的な視点で日本の安全保障政策や防衛力の規模を定めたものです。潜水艦の目標保有隻数が22隻と定められたのは、2010（平成22）年12月に閣議決定された22大綱で、これをもとに潜水艦の整備が進められてきました。

594「いそしお」（おやしお型）

写真提供：海上自衛隊

Chapter
3

「海の忍者」を支える主要技術とエンジニア

3-1 潜水艦の主要技術、その性能は秘密扱い

ここからは、潜水艦の技術とそれを支えるエンジニアの話です。

潜水艦の主要技術の分類

潜水艦技術を分類すると次の図のようになります。

図3-1-1　潜水艦技術の分類

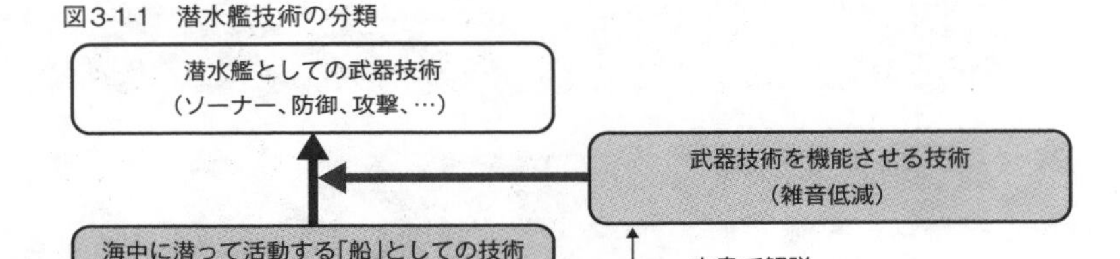

「海中に潜って活動する『船』としての技術」は、潜水艦が長期間にわたって昼夜連続で、海中の極めて厳しい環境の中で潜航しながら多くの乗員が仕事・生活できるようにする技術のことです。本書は主としてこの部分の解説を行っています。

一方、「潜水艦としての武器技術」および「武器技術を機能させる技術（主として雑音低減技術）」は秘匿性が高く、本書ではソーナーや雑音について海中独特の技術として解説する以外には、武器システムに関してほとんど記述していません。

すなわち、「海中に潜って活動する『船』としての技術」ならば秘密に抵触しない範囲で解説が可能と考えて執筆したものです。

例えば、航空機やロケット、宇宙船も、潜水艦と同じく多くの要素技術を集積しているビークルですが、用途が軍事用だけでなく一般用も多いため、秘密のベールに包まなくても関係者の抵抗があまりなく、オープンなのが実態です。

本書で潜水艦の技術に興味を持ち、より詳しく知りたくなった方は、本書に出てくる技術用語をインターネットなどで検索していただければ、もう少し詳しい技術情報（ただし一般的な情報ですが……）が得られます。

そして、更に深く掘り下げたいという方は、構成技術要素毎に技術書が出版されているので、そちらをご覧いただけたらと思います。

潜水艦の個別技術の解説は次の２つのChapterに分けて記述しています。

Chapter 4：海中に潜る有人の「船」としての技術
Chapter 5：主として軍事的な機能を発揮するために必要な「相手を見つける、相手から隠れる」技術

小型コンパクトで深く、長く、静かに潜れること

さて、船としての潜水艦の主要技術は、「深く長く静かに潜航する技術」だと言われています。「深く・長く・静か」という技術の性能向上は、そのときどきの関連技術の進歩に依存します（2-2項参照）。

まず、「深く」潜航するためには、強い強度の鋼材が必要です。高強度の鋼材は、世界でもトップレベルの日本の鉄鋼技術によって開発・実用化されており、日本の潜水艦はその恩恵を受けて深く潜航できるようになっているのです。1970年代から、NS80（材料の降伏応力が80kgf/mm^{2}以上）というとてつもなく高い強度の鋼材が使われています。ただし、この鋼材には溶接が難しいという難点があります（4-3項および6-2項を参照）。

次に「長く」ですが、2009年建造の「そうりゅう型」からスターリングAIP（Air Independent Propulsion）システムが採用されて海中でもスターリングエンジンで発電できるようになり、水中持続力の延伸が実現しました。

「静かに」に関しては、自身が静かでないと相手のソーナーに見つかってしまうということで、ソーナーの技術進歩に合わせて静粛性のレベルアップに取り組んできました。特に1980年代の取組により、1990年からの「はるしお型」で雑音低

減の飛躍的な向上が図られたと言われています。雑音低減努力は多岐にわたる取組が必要で、理論的な取組ばかりではなく、むしろ“もぐらたたき”的な泥臭い取組が継続的に必要です。静粛性で世界のトップクラスを維持できているのは、日本人のまじめで粘り強い特性が活かされているためかもしれません。

更に、もう1つの主要技術は言わずもがなの「安全に」です。冗長性、フェールセーフ*に基づく設計、建造、メンテナンスを通じて、過酷な環境に耐え得る「安全な」艦が実現しています。今後の新たな装備品に対しても、この考えが継続されていきます。

日本の技術力の進歩と潜水艦の性能向上との関係については、それぞれの技術の解説ページで具体的に説明します。

潜水艦を構成する技術は、「潜航・浮上」、「耐圧強度」、「推進・動力」、「通信」、「生活（生命維持）」、「探知・捜索」、「防御・攻撃」等多岐にわたっています。これらの機器を丸い船体に効率良く最適配置して、更に小型・コンパクトな船体に仕上げるというのは、並大抵の努力でできることではありません。しかし日本は、「性能・機能」を満たしつつ「小型・コンパクト」に設計して建造することが得意です。そのため、日本は今後も世界の潜水艦のリーダー（といってもむやみに輸出できるものでもありませんが……）であり続けると思われます。

潜水艦では何が秘密なの？

それでは、潜水艦にとって何が秘密なのでしょうか？

潜水艦は、「どこに潜んでいるかわからない」、「どんな性能を持っているのかわからない」からこそ、抑止力として機能します。そして、所有する国の軍事・防衛上のプレゼンスが高まります。そのため、潜水艦の所有国は戦略的見地から潜水艦の技術と運用を秘密にしておきたいものです。

また、戦術的にも、「相手に見つからず、相手を見つける技術」、「万が一相手に見つかって攻撃されてもそれを回避し、確実に反撃できる技術」、「攻撃されたら高速かつ3次元的に回避する技術」は秘密扱いです。

ところが、希望と現実にはギャップがあります。そこで、優先順位をつけて秘密を維持します。技術的には、潜水艦の「深く長く静かに潜航する」基本技術性能が、最優先の秘密事項です。そのため、潜水艦の「最大安全潜航深度」や「最大潜

---

* **冗長性、フェールセーフ**：冗長性とは、予期しない事態に備え、予備となる別系統を用意しておくことです。フェールセーフとは、誤操作・誤動作により障害が発生したとき、システムや装置が安全側に動作するよう設計しておくことです。

航持続時間」は機密扱いです。また、静粛性能は一概に数値化できないので、静粛性能に関わる技術そのものが基本的に門外不出です。そこで本書では、これらについては秘密に触れない範囲で体系的な解説を試みました。

ちなみに「最大潜航持続時間」は、通常動力艦では蓄電池容量と所要電力で決まります。一方、原潜は動力源がほぼ無尽蔵なので、食料や水（実は動力があれば海水から製造できます）、乗員の忍耐力など、別の指標で決まります。

また、水中での最大速力、最大速力持続時間、最大安全潜航深度は、攻撃された場合の回避性能として重要な秘密事項です。

◆情報誌には秘密情報も推定値で記載されている

ところが、これらの秘密情報はいろいろなところで記述されています。

例えば、英国のJane's Information Group社が発行する『ジェーン年鑑』や日本の海人社の月刊誌『世界の艦船』、イカロス出版の隔月誌『J-SHIPS』には、世界の潜水艦の基本性能についても多くが記載されています。これらの記載はあくまで推定値であり、正しいかどうかは不明です。本書では秘密情報は記載していませんが……。

一方、運用面では、潜水艦の行動計画と実際の行動（期間、海域、目的など）がトップシークレットです（海の忍者ですから当然ですが）。これらについては、上記の刊行物を探しても記載はありません。

3-2 軍事技術と民生技術

潜水艦は軍事技術の塊だと思われがちですが、優れた民生技術も多く使われています。

民生技術が潜水艦を支えることもある

太古の昔から軍事技術は、その時代の最先端技術であることが常でした。どの時代でも軍事的な優位性を保つためには、自国の装備品や性能が他国に比べて差別化されている必要があるからです。これは、企業間の競争とよく似ています。

また、国と国とが全面的にぶつかる戦争や世界大戦のような、国家の存亡を懸けた大戦争では、国家予算の大半を軍事予算につぎ込むので軍事技術は大きく進歩します。

そのため、これまでは、「最初に軍事技術がリードし、続いて民生品や汎用品に水平展開していく」ことが多かったようです。人間の生活が進歩する背景に軍事技術の恩恵がある、という一種皮肉な面がありました。

そのような戦争の愚かさを知り大規模な国家間の戦争がなくなった半面、局地紛争や民族間の対立、宗教間の対立が主な戦争行為となってからは、軍事予算の縮減が世界的な流れとなり、むしろ民生品で技術の優劣を競う時代になったと言えます。そのような時代になると、良い民生技術（コスト低減にもなります）は軍事用にもどんどん使っていこう、という流れが支配的になってきます。

最近ではロシアのウクライナへの侵略、米中関係や東アジア（中国、台湾、北朝鮮等）の安全保障環境の変化に伴って、日本を含む各国の安全保障予算の増加がみられます。これにより、民生技術と軍事技術の相互共存関係がしばらく続く時代になるかもしれません。

わが国では戦後、軍事技術開発へのアレルギーから、大学等の研究開発機関が軍事技術に取り組むことを拒んでいた時代もありました。しかしながら近年は安全保障に対する考え方が修正されつつあり、これに合わせて軍事面にも応用可能と思われる研究開発に取り組むようになってきました*。

なお、軍事技術を民生技術に転用することを「スピンオフ」、その逆を「スピンオン」と呼び、はじめから両用が前提の技術を「デュアルユース」と呼びます。

◆スピンオフ

例えば、スピンオフ（軍事⇒民生）の例としては、原子炉やパソコン、インターネット、GPS、デジカメ、最近世間を騒がせているドローン……など、挙げていったらきりがないぐらいあります。興味のある方は、インターネットなどでその歴史を調べてみると良くわかります。

潜水艦もその一例であり、潜水艦の技術が有人潜水船や無人潜水機に応用されて、海洋物理や科学、資源開発などに利用されています。また、CALSはもともと1980年代に米国防総省が開発・適用した「コンピューターによる軍事の後方支援システム（Computer-Aided Logistics Support）」でしたが、この仕組みが一般の商取引でも電子商取引として普及しました。CALSという単語の意味するところも、Computer-Aided Logistics Support、Computer-Aided Acquisition and Logistics Support、Continuous Acquisition and Life-cycle Support、Commerce At Light Speedと、民間利用が進むにつれて変遷しています。

◆スピンオン

スピンオン（民生⇒軍事）の例としては、まずライト兄弟の飛行機、そして光ファイバー、炭素繊維、半導体素子、液晶などが挙げられます。4章で説明しているリチウム電池や永久磁石電動機も、スピンオンの一例と言えます。

「COTS（Commercial Off-The-Shelf）」という用語があります。これは、「商店の棚にある商品を使う」という意味ですが、汎用品を軍事用に使うことを言います。現在の軍用装備品は、COTS化がどんどん進んでいます。例えば自動化システムの電子部品はCOTS化の例ですが、潜水艦ならではの耐衝撃性などの特殊な条件をクリアできるよう、その装備に工夫をしているのが実態です。

＊**社会との関係**：これまで日本の大学などの研究機関は軍事技術の研究開発に消極的でした。そのため、防衛省は2015（平成27）年度から安全保障技術研究推進制度を設け、日本の大学や研究機関におけるデュアルユース技術の開発を支援するようになりました。更に最近では、防衛力強化の観点からも、デュアルユースやスピンオンを目指した研究が大学などの研究機関で広く行われるようになりつつあり、これを防衛予算で促進する動きもあります。

◆デュアルユース

デュアルユースの例としては、ロボットやスマホ（タブレット端末も）、ロケット、パワーアシストスーツなどが挙げられます。インターネット、GPS、ドローンはもともとスピンオフ技術、リチウム電池はスピンオン技術でしたが、今やデュアルユースとして進化している例だと言えます。

オープン、クローズ戦略

個々に開発された技術の取り扱いで、オープン戦略、クローズ戦略という考え方があります。

オープン戦略は、その技術に関する特許を取得するなどして、ライセンス契約により技術使用者から「ロイヤリティー」（使用料）を得たり、この技術を国際的な標準規格にして、その技術を使った製品の普及を促進したりします。池井戸潤原作でテレビ放映もされた『下町ロケット』は、ロケットに使われる部品の特許をめぐるドラマでした。中小企業が開発した技術が、「特許を取得していたがゆえに、大手ロケットメーカーに採用されることになった」という物語です。

また、特許を取得せずにその技術をオープンにして利用を促進する手もあります。

さて、潜水艦ではどうでしょうか。潜水艦では、その固有技術に関してはほとんど特許化されません（クローズ）。「その技術が特許で公開されるのを嫌う」、「潜水艦の建造に関わるプレーヤーが限られるため、技術の普及が期待できない」という背景があります。クローズ戦略といっても少し趣旨が違いますが、コカ・コーラの例があります。コカ・コーラの原液の製法は特許化されていません。門外不出と言えます。特許により権利化してもせいぜい20年程度で権利が消滅すること、特許公開により真似をされるリスクが絶えずあることが理由のようです。

3-3 潜水艦エンジニアのジレンマ

潜水艦を支えるエンジニアは縁の下の力持ちであり、あまり脚光を浴びない職業です。

海中工学を支えているのは潜水艦エンジニア

人間の歴史において国家が成立する条件は、古代から、「生きていくための食糧の確保」および「安全の確保」だと言われています。また、それを実行する指導者と実行者が必要です。

国を守る「組織（軍事防衛組織）」は、地球上に国が多数存在する以上、それぞれが独立を維持するために必要だと言えます。このためには最適な組織と装備が必要となりますが、概ねその技術はその時代の最先端のものになります。

日本では第2次世界大戦（太平洋戦争）の教訓から平和国家が維持されているがゆえに、やや軍事技術アレルギーの面があるようです。ただし、世界的に見ると一般的には国を守ってくれる人達や装備に、国民は敬意と感謝の念を持って接しています。

また、軍事技術およびその運用技術は、他国と差別化して優位性を維持する必要があることから、技術の進歩に合わせて絶えず進化していきます。そのため、そのエンジニアは最先端のエンジニアである必要があります。ただし、『下町ロケット』のロケット打ち上げシーンで見られたような、多くの人達から期待と賞賛で見送られるような晴れやかな場面はありません。軍事技術は秘匿性が高いため、オープンにできない隠れた存在であり、外部に向かってアナウンスできないもどかしさがあると共に、日本ではその技術者が社会からあまり評価を得ていないのがちょっと残念です。

海中分野、特にこの過酷な環境で人間が活動するには、相当の技術力とコストがかかるため、これまで宇宙開発に比べて遅れており、唯一、潜水艦がその技術の進歩に貢献してきました。とはいえ今後は、技術の進歩やその必要性から、海中や海底の精度の高い調査に基づいた開発・産業化が、人類にとって必須のアプローチとなってくるものと予想されます*。それに伴い、軍事以外の潜水船や無人潜水機の活躍が人類の営みに貢献するようになれば、海中の技術を担うエンジニア（現在は潜水艦エンジニア）がもっと評価されることになるでしょう。

---

*例えば、2017年時点では世界の海底地形の正確な把握が約6%しかできておらず、月や火星よりも遅れている状況です。日本財団が現在実施しているSeabed 2030は、これを2030年までに100%にしようという試みです。

Chapter 4

「海の忍者」を支える技術 ～人間が海中で安全・自由に活動できる技術～

4-1 潜水艦の潜航・浮上と海中での行動パターン

まず、潜水艦技術の解説の冒頭で、潜航（潜入）・浮上や行動パターンを大まかに説明しておきます。

まず潜水艦の潜航・浮上や海中での行動パターンを知っておこう

図4-1-1　潜航・浮上と行動パターン

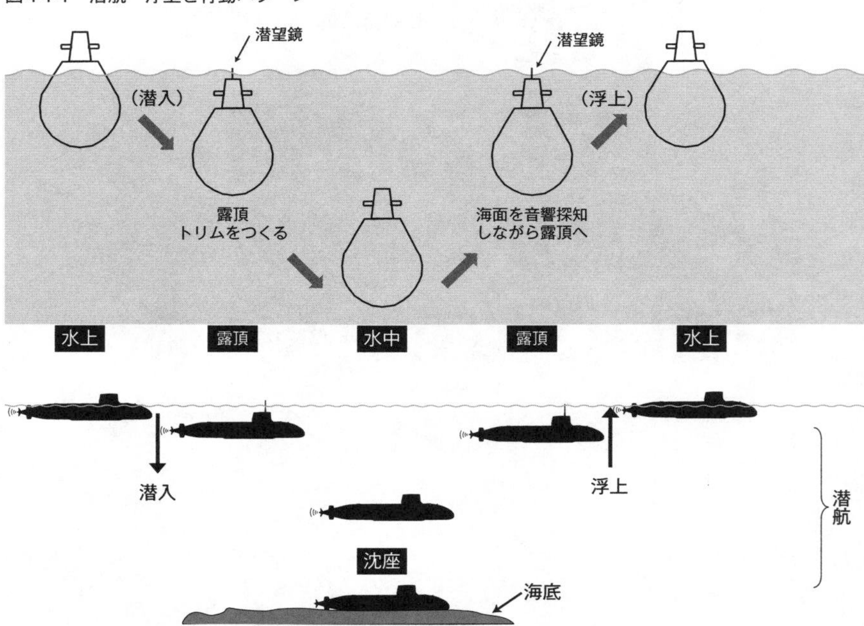

潜水艦は、港を出る（港に入る）ときには、必ず浮上した状態（水上航走）で出港（入港）します。行動の秘密を維持するためには、本当は潜航した状態で入出港したいのですが、水深が浅いため潜航の状態で航行できないのです*。

従って、海の忍者としての任務を帯びて出港した後は、できるだけ早く潜航してその姿を隠したいので、潜航可能な海域に到達するや直ちに潜航するということになります。

ただし、海中で自由に動き回れる状態をつくるためには、潜航直後に微速前進状態で、重量・浮力・姿勢（縦傾斜や横傾斜のない、ほぼフラットな姿勢）の調整を行う必要があります。これを「トリム（Trim）をつくる」（トリムよしの状態をつくる）と言います。この意味は、低速で上昇・下降しない安定した状態（浮き勝手、沈み勝手にならない）をつくる、ということです。

この状態がつくれたら、目的に応じて海中を自由に動き回ります。

浮上するときは、海面の状況を音響探知しながら露頂深度まで深度を浅くし、潜望鏡によって海上の状況を把握し、浮上して良い状況なら一気に浮上します。

次に、潜水艦の行動パターンは次の通りです。

水上と水中での行動に大別されますが、水中には露頂深度と沈座が加わります。

露頂深度は、潜水艦の船体を浮上させることなく艦橋から必要なマスト類を海面上に出して作業する行動パターンで、機能により「スノーケル深度」と「潜望鏡深度」があります。

沈座は、探知されにくい究極の行動パターンで、鳴りを潜めて海底でじっとしています。

以下では引き続きこれらの技術について解説していきます。

* 中国海軍は海南島に洞窟式の潜水艦基地を設けており、潜航したままでの入出港が可能で、その地下基地に潜水艦を係留している、との報道があります。

潜航

図4-1-2　ベントによる潜入

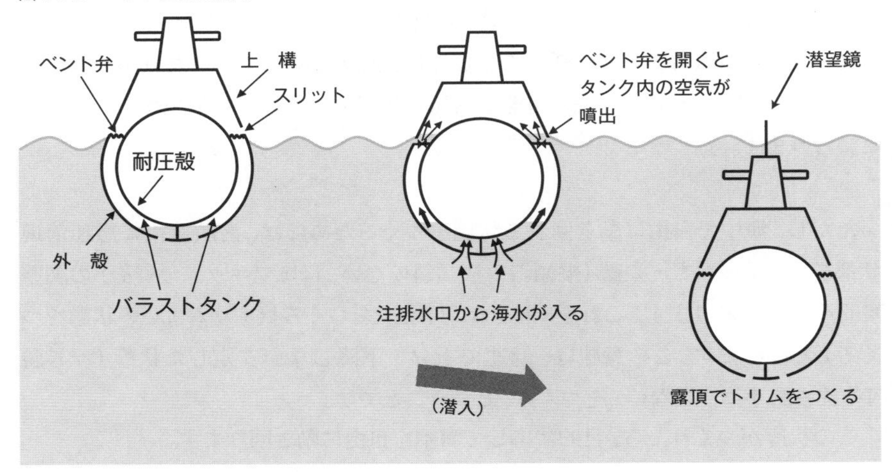

まず、潜水艦はどうやって海中に潜航（潜入）するのでしょうか？

これは、物理用語で言えば、「重量」と「浮力」の問題です。潜水艦が水上を航走する状態では、潜水艦の総重量より浮力の方が勝っているので、水上に浮いています。そのため、勝っている「浮力分（予備浮力）」だけ水上に姿が現れます。

それでは、この状態からどうやって潜航するのでしょうか？　答えは、「浮力を減少させる」または「重量を増やして、浮力と重量の関係を逆転させる（重量の方が浮力にちょっとだけ勝るようにする）」です。

まず、浮力を減少させる方法ですが、通常は次の方法を採用しています。図4-1-2のように、潜水艦は一部か全体が二重構造になっていて、耐圧殻の外側にバラストタンクを配置しています。主としてこのバラストタンクによって浮力を得ます。

水上航走では、バラストタンクは空気で満たされています。このバラストタンクは、上部には「バルブ（弁）」が装備され、底には穴が開いています（コップを逆さに水につけた状態）。そして、潜航するときは、艦内から遠隔操作でバラストタンクの上部にある「バルブ（ベント弁）」を開く（この操作をベントと言います）と、バラストタンクの空気に逃げ道ができて空気がタンクの外に吹き出し、代わりにバラストタンクの底に開いた穴から海水がバラストタンクに入ってきます。

映画などで潜水艦が潜航するシーンでは必ず「ゴォーー、シューー」という音がしますが、あれはこの音です。結果として、図4-1-2のバラストタンクの分の浮力が失われ、重量とほぼ釣り合うことになります。これで、数百トンの重量と浮力の関係が変わり、潜水艦は潜航します。

重量を更に増やすには、「補助的（微調整）」に耐圧構造の補助タンク（Aux. Tk）を使います。例えば、補助タンクに海水を注水すると浮力が変わらず、海水の重量分だけ重量が増します。これで数十トンの重量が変化します。こうして、浮力と重量の大小関係を微調整し、重量の方が少し大きくなって潜航します。

潜入したら、まず露頂深度（潜望鏡）、微速前進で安全確認と重量・浮力・傾斜等の確認すなわち「トリムをつくる」を行います。露頂深度では波浪の影響があるので、安全確認後に数十ｍまで潜航して「トリムをつくる」の確認を行います。これらが完了すれば、海中の自由な行動に入ります。

トリムをつくる

図4-1-3　補助タンク、トリムタンクによるトリム作成

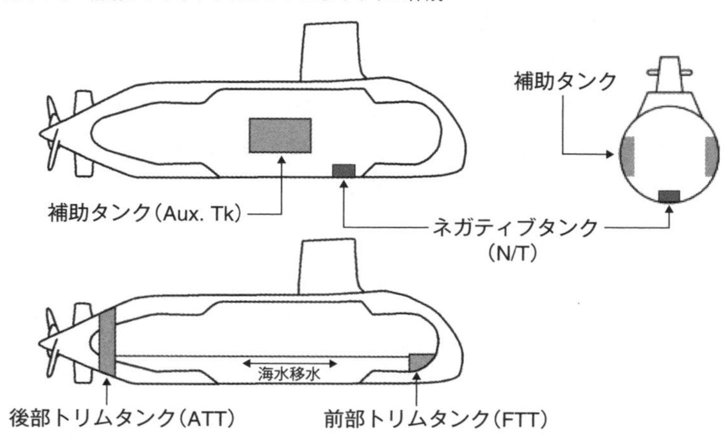

潜水艦は、潜航していれば安定すると思っている人が多いと思いますが、空中での重量が数千トンもある潜水艦ですので、安定させるのは大変です。

簡単に言うと、潜水艦は潜航したら浮力と重量がほぼぴったりに釣り合っていないといけません。釣り合わないと、どんどん沈んでいったり、逆に浮き上がってしまったりします。釣り合った状態にすることを「トリムをつくる」と呼びます。

さて、トリムをつくるのがなぜ難しいかと言えば、潜水艦の重量と浮力が絶えず変化するからです。例えば、重量は出港時の積付状態（乗組員、食糧、魚雷、燃料などの搭載物）に応じて絶えず変化します。更に浮力は、海水温度、海水密度（比重：通常1.025）、圧力の影響で絶えず変化します。海水の温度や圧力の変化で耐圧殻が膨張収縮して浮力が変化したり、海水密度の変化で耐圧殻が押しのけた海水の重量が変化して浮力が変化するからです。

トリムをつくるには、これらの変化を踏まえて、正確に艦の重量状態を知ることと、経験がものをいう作業（操作）で、潜航指揮官の腕の見せどころです。

なお、潜入時や急速に深度を深くしたい場合には、ネガティブタンクに数十トンの海水を入れて重量を大きくして潜航します。この場合でも、落ち着いたら海中でトリムをつくる作業を行います。

◆トリムとは海中で静止すること

潜水艦は、海中で重量と浮力のバランスがとれた状態では、潜ったり浮かんだりしなくなります。ただ、この状態はまだ完全ではありません。更に厄介なのは、前後の傾斜も防がなくてはならないことです。例えば、艦尾の方が少しでも重いと、潜水艦は艦首を上に、艦尾を下にして傾斜していき、潜水艦が縦に（つまり太刀魚のように）なるまで止まりません。

そのため、潜水艦を水平に保つ微調整機構があります。これは、潜水艦のあちこちに配置されているタンクへの注排水や移水（海水の移動）を行うことで水平を保つように微調整する機構です。

この微調整のため、まず潜航前に、艦中央付近に配置された「補助タンク（Aux. Tk）」および艦首と艦尾に配置された「トリムタンク（Trim Tk）」に、重量と浮力が釣り合うと予想した量の海水を入れておきます。

バラストタンクに「注水」をして潜航したら、数百リットル単位で補助タンク内の海水を注排水して、重量と浮力をまず「バランス」(予想誤差の修正) させます(中正浮力)。次に、艦首と艦尾のトリムタンク内の海水を移動させます。艦尾が重いなら、艦尾トリムタンク内の海水を艦首トリムタンクに移動させて、前後水平状態にします。これでやっとトリムがつくれたことになります。

潜航指揮官は、当日の艦の状態 (搭載状況、タンク内量、……) や海象、海水状態を記入した表をもとに微妙な調整を行い、艦の状態が安定した後、艦長に「トリムよし」の報告を行います。

実際には、キログラム単位までの平衡状態をつくるのは困難なため (乗組員の移動や燃料の消費など……)、速力による舵(かじ)の力を借りて多少の誤差 (重量・浮力の差) の吸収をします。

なお、舵の力については後ほど説明します。

普通は平衡状態をつくった後に作戦行動を開始します。作戦行動で更に深く潜れば、水圧が増して海水温度が下がるため耐圧殻が収縮して浮力が減少します。また、深度が増せば海水温度の低下と共に海水密度 (比重) が大きくなり浮力が増加します。従って、潜航指揮官は絶えずその辺の状況を把握して、その深度毎に最適なトリムをつくります。

潜水艦は潜航海域の海中状態を知るために、「投下型深海温度計」(5-1項のコラム参照) という計測装置で海水温度などの深度分布を計測します。

浮上

潜水艦の浮上は潜航の逆で、やはり浮力と重量の関係を逆転させます。前記の「潜航」で説明したバラストタンクの海水を空気に置換することで、必要な浮力を稼ぐことができます。この操作を「ブロー」と言い、次の手順で行います。

---

①バラストタンクトップのバルブ (ベント弁) を閉める (または閉鎖の確認)。

②バラストタンク内に配置されている数十MPa (メガパスカル) の高圧空気ボンベからタンク内に空気を送り込む (ブロー)。

③バラストタンク内の海水がタンク底の開口部から排水される。

図4-1-4　ブローによる浮上

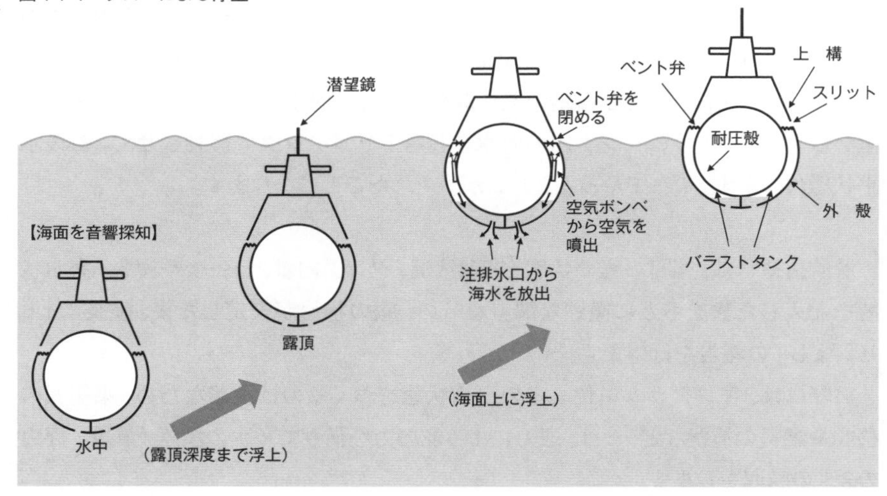

なお、バラストタンク内の海水をブローして浮上するやり方は、深い深度では使えません。それはなぜかというと、深い深度で空気ボンベからバラストタンクに空気を送り込んでも、深度圧（高い水圧）を受けて空気が収縮するため、バラストタンクを空気で満たせないからです。物理の法則からわかる通り、海中ではその深度圧に比例して空気の体積が減少します（ボイルの法則：温度一定の場合 $P_1V_1=P_2V_2$　P：圧力、V：体積）。

そのため、深いところで通常の1回分の空気量をブローしても、バラストタンクの上部に空気がチョット溜まるだけなので、ほんの少しずつしか浮上しません。深度がある程度浅くなると、バラストタンク内の空気が膨張して急速に浮上してしまいます。

安全に（水上の物体や船舶などに衝突しないで）浮上する方法は通常、次の通りです。

まず、露頂深度（艦底の水深が約20m）までは、目視もできずレーダーもほとんど機能しないので、ソーナーを使って海面上の船舶を確認します。露頂深度まで着くと、潜望鏡で海面上を直接確認して、最終的な浮上作業に入ります。すなわち、露頂深度では艦橋トップは海面下数mにあり、大型船には接触してしまう可能性もあるため、その深度に着くまでのソーナーでの確認が非常に重要になります。

ソーナーによる物体の確認には、「パッシブソーナー」で音を出している物体を捉えるか、「アクティブソーナー」で音響的な反射を捉えて物体の存在を認識するかの2つの手段しかありません（5-1項参照）。ところが、どちらのソーナーでも、海上の物体を正確に捉えるのが困難な場合もあります。海面は音波の屈折等の影響で探知しにくいことがあり、またヨットなど小型でしかもプロペラ推進でない物体等があるためです。

従って、露頂深度に着くまでのソーナーでの確認作業は、非常に慎重な作業となります。露頂深度に着いたら、夜間には赤外線暗視装置付きの潜望鏡で確認しながら浮上します。

単独で行動することが多い潜水艦では、浮上（特に露頂深度に着くまで）はこれほどまでに慎重に行うべき作業なのです。

潜水艦では、潜望鏡深度まで深度を浅くして浮上前に行う安全確認のことを「サーフェスクリア」と言います。ソーナーでの確認や潜望鏡での視認確認で「サーフェスクリア」の報告を受けてから、潜航指揮官は「浮上」の号令をかけます。すると、前述の①②③の操作がほぼ自動的に実施されます。

2001年2月にハワイ沖で発生した「えひめ丸の事故」は、このリスクが顕在化した典型的な例です。

米国の原潜グリーンヴィルが、露頂深度で海面上を確認した後に数十m潜航して急速浮上したとき、グリーンヴィルの潜望鏡、艦橋、上部縦舵のいずれかが「えひめ丸」の船底を引き裂きました。潜水艦側には衝突を回避する責任があったにもかかわらず、そのために必要なサーフェスクリアが充分でなかったのは事実です。人為的な不注意なのか、海象条件上不可避だったのか、といった詳細はわかりません。事故後の海軍査問委員会（軍事行動ではなかったので軍法会議にはかけられませんでした）では、判決理由はわかりませんが、艦長に「不名誉除隊」が言い渡され、艦長は直ちに除隊して別の人生を歩むことになりました。

浮上時の衝突リスクが顕在化した、誠に不幸な痛ましい事故でした。

行動パターン（水上、水中〈水中・露頂・沈座〉）

潜水艦の潜航と浮上のメカニズムを説明したついでに、水上と水中の航走状態についても説明しておきましょう（図4-1-1「潜航・浮上と行動パターン」参照）。

潜水艦の航走状態は、「水上」と「水中」に大別できます。

まず「水上」とは、バラストタンクのブロー（空気が入った状態）により、主要な浮力を生む耐圧殻の上部（一部）が水上に出ていて、予備浮力がある状態です。

次に「水中」とは、バラストタンクをベント（海水が入った状態）して、重量と浮力が釣り合い、潜水艦が海中にあるのが「水中状態」です。厳密には海面付近での露頂深度（マストの先端を水上に露出した状態）も「水中状態」と言えます。

露頂深度ではスノーケル、潜望鏡等を機能させます。

「露頂深度（スノーケル）」は、通常動力型潜水艦に特有の状態です。艦橋から「スノーケル給排気筒」を海面上に突き出して、空気を取り入れられる状態です。日本の潜水艦は通常動力型であり、潜水艦が水中で使う電力や動力は蓄電池からの電力で賄っています。ところが、水中での行動が長期間になれば蓄電池が消耗するので、ディーゼルエンジンで発電機を回して蓄電池への充電をします。ディーゼルエンジンを動かすには空気が必要ですが、空気のために水上に浮上すると敵に見つかるリスクが大きくなります。そこで、「露頂深度」で給排気筒と潜望鏡を海面上に出してディーゼルエンジンを回します。また、このときに取り入れる空気で艦内の空気の入れ替えもします。給気筒からの空気は、耐圧殻を貫通するパイプ状の給気管を通ってエンジンルームに入ります。エンジンルームに入ったフレッシュな空気は、ディーゼルエンジンに吸い込まれるだけでなく、艦内全域に循環するようになっています。

このとき、給気筒の先端は海面上に出ますが、波があるとすぐに波を被（かぶ）って海水を吸い込んでしまいます。しばらく波を被った状態が続くと、給気筒のトップについた弁が閉じるようになっています。ディーゼルエンジンを運転した状態で給気筒の弁が閉まると、空気不足でディーゼルエンジンが停止したり、艦内が負圧になって鼓膜に異常を感じたりします。このため操舵員は、給気筒が全没したり全没の状態が継続しないよう、微妙な深度維持が求められます。

一方、排気筒はディーゼルエンジンの排気圧力で排気を押し出します。排気筒の排気口は海面直下になるよう設計（排気ガスを空気中に直接放出することによる排熱の赤外線〈IR〉探知リスクを低減）されており、排気ガスが海面に吹き出すことになります。

図4-1-5　スノーケル状態でディーゼルエンジンを運転

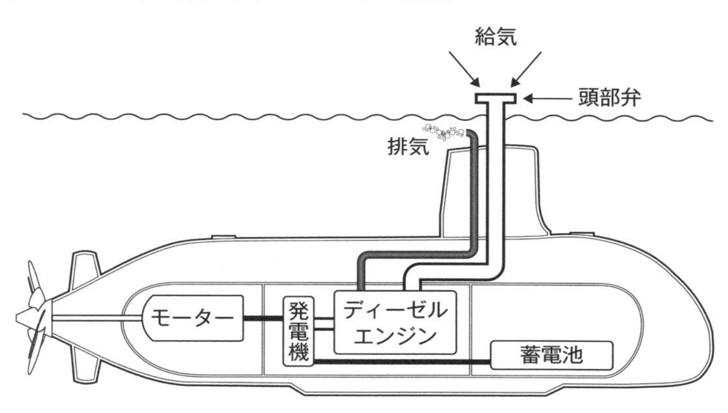

また、「露頂深度（潜望鏡）」は、スノーケル深度とほぼ同じ深度ですが、ディーゼルエンジンを起動しません。潜望鏡を出して海面上の様子を確認したり、ESM（Electronic Support Measures：海面上のレーダー情報を傍受）マストで電波を傍受したり、必要に応じて通信用マストを出して通信をすることもあります。

ただし、被探知リスクを避けるためにはこれらの行動を極めて短時間で済ませ、すぐに深く潜航したいところです。

更に、水中では沈座というパターンもあります。海底に着座してじっとしていることであり、魚が海底に体をくっつけてじっとしている状態と同じです。

沈座は、相手から身を隠して危険を回避する手段として使う他、救難訓練で浮上できない潜水艦を想定して乗員の救出をする場合にも行われます（8-1項参照）。

この状態は、攻撃してくる相手艦に対して絶対に安全かというと、そうでもありません。艦が停止しているのでプロペラ雑音やフローノイズは発生しませんが、艦内で乗員の生命維持に必要な機器やソーナーなどが作動しているため、わずかですが雑音が出ています。ただし、海底の乱反射などの影響で、相手艦によるソーナー探知が困難であることは間違いありません。

技術的には、沈座を可能にするため、潜水艦にはいくつかの配慮がなされています。

まず、十字舵での下部縦舵は、船底のキールラインから飛び出さないように設計されています。これは、沈座したときに下部の縦舵が海底に突き刺さるのを防ぐためです。

また潜水艦には、冷却水や真水製造などに使う海水を艦外から取り入れる取水口や、海水を吐き出す排出口があります。これらは、船底のキールライン付近を避けて設けるようにしています。沈座時に取水口や排出口が海底で塞がれないようにするためです。

◆潜望鏡

潜望鏡は、潜水艦の象徴的な機器です。潜水艦には外を見る窓がありません。そのため、水上航走やスノーケル航走、潜望鏡深度（露頂深度）で、艦内から海上を探索するために潜望鏡を使います。

水上航走では艦橋トップの見張り所から直接海上を監視できますが、それ以外の状態で船体を浮上させず、水中に隠れたままで海上の様子をうかがうことができる、貴重な機器です。潜水艦の歴史が始まって以来、必ず登場します。

潜望鏡は長い間ずっと光学式でしたが、近年は光学式に代わって非貫通潜望鏡（ビデオ式）が登場しています。まず、今でも多くの潜水艦で採用されている光学式潜望鏡について説明し、続いて非貫通潜望鏡の説明を行います。

まず光学式ですが、1本の長い筒が耐圧殻を貫通して装備されており、艦外の先端に対物鏡、耐圧殻内の下端に接眼鏡があり、この接眼鏡から覗（のぞ）きます。潜望鏡は必ず艦橋に収納されていて、使うときは艦橋トップから数m上昇させて海上に突き出します。収納時には接眼鏡を耐圧殻下端（底）まで真っすぐに下降させます。従って、潜望鏡を見る場所から耐圧殻下端までの距離が、上昇距離の限界となります（図4-1-6）。

＊**艦橋配置**：潜望鏡がすべて非貫通になれば、発令所の直上に艦橋を配置する必要はなくなり、艦橋を船体後方に配置することも可能になります。例えば、艦橋を船体後方の主機の直上に配置すれば、主機の給排気管が短くなるメリットある半面、潜舵を船体前部に移動させる必要が出てくるといった影響が出ます。ともあれ、設計上の自由度が増すことになります。

図4-1-6　潜望鏡は下げると耐圧殻の底まで下りる

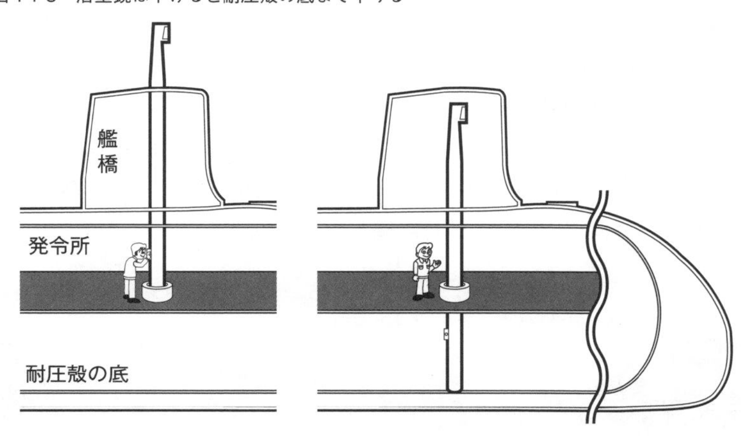

また、光学式潜望鏡は、使う（見る）場所が、艦橋の直下に限定されてしまいます。このように、潜望鏡は潜水艦にとって必需品で、しかも潜水艦の設計や機器の配置に影響を及ぼす機器です。最近の潜望鏡は、「赤外線暗視装置」や「GPS」（水中では推測航法なので、このGPSで位置を補正）を付加して高機能化しています。また、潜望鏡が海面に航跡を残すことのないよう、潜望鏡の断面を船首側から船尾側に向けて流線形にする工夫もなされています。

最近は光学式に代わるものとして、電気的に映像を取り込む「非貫通潜望鏡」が開発され、既に実用化されています。これは簡単に言うと潜望鏡の先端にビデオカメラを装着したもので、艦橋から上方に伸縮するだけでよく、長い筒が耐圧殻を貫通する必要がありません。電線が耐圧殻を貫通すればよいので、光学式潜望鏡のように艦橋の直下に発令所を配置する必要はなくなり、設計の制約から解放されます*。また、映像は艦内のコンソールに瞬時に配信されて共有化することが可能です。更に、夜間は潜望鏡作業のための赤色灯（9-3項参照）による暗順応**も不要になります。良いことずくめのようですが、要するにビデオカメラを使うわけですから、高速で画像を収集伝送する技術、揺れや波を被ったりする状況で画像を安定化させる技術など、更に進化させるべき技術的要素もあり、今後もどんどん進化していくものと予想されます。

** **赤色灯による暗順応**：潜水艦の艦内は夜になると赤色灯で赤く染まります。夜間に赤色灯を使うのは、赤色が黒色の周波数に近いため目が暗順応しやすいからだと言われています。夜間に光学式潜望鏡で海上を見るときに、艦内が赤色であれば真っ暗闇の海上で目が順応しやすいのです。

潜望鏡は冗長性を確保するために2本を装備するのが普通です。おやしお型までは2本共に光学式、そうりゅう型では光学式と非貫通が各1本、たいげい型からは2本とも非貫通の潜望鏡となっています。

なお、これまで光学式潜望鏡はニコンが供給してきました。非貫通潜望鏡に関しては、当初は「THALES(タレスUK)製」を三菱電機がライセンス生産していました。たいげい型以後では、三菱電機とニコンの連携で国産化の取組をしています。

図4-1-7　発令所で潜望鏡を覗く艦長（おやしお型）

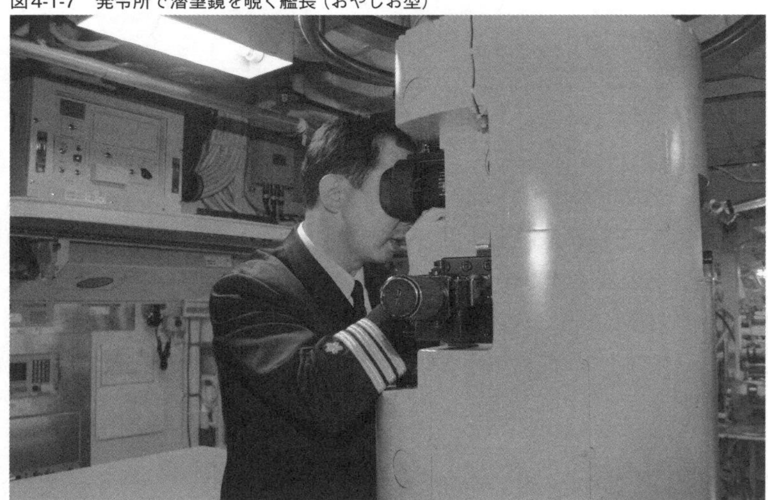

写真提供：海上自衛隊

図4-1-8　発令所の非貫通潜望鏡コンソール（たいげい型）

たいげい取材写真

図4-1-9　将来の潜水艦はこんな形状も可能

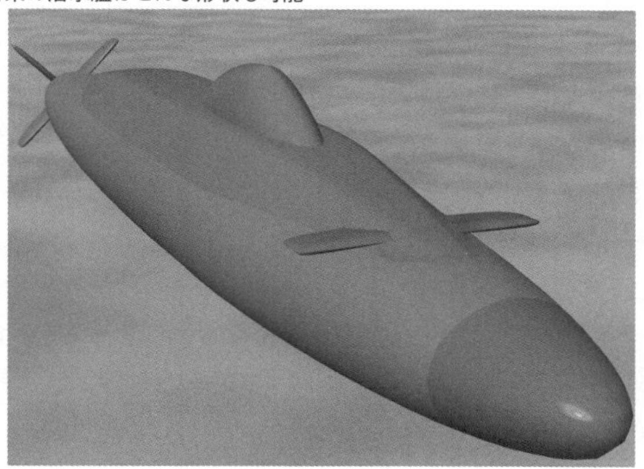

ドルフィン運動

図4-1-10　ドルフィン運動の写真

写真提供：海上自衛隊

ドルフィンとはご存知の通りイルカです。潜水艦の「ドルフィン運動」とは、潜水艦が海面上に飛び出して空中に舞い、その直後に潜る――というイルカのような動きをすることを言います。海上自衛隊が行う観艦式では、潜水艦の訓練展示の目玉シーンです。

深度数十mで、ほぼ中正浮力（重量と浮力がほぼ釣り合った状態）を保ったまま前進し、急角度（約30度）で艦首を海面に突き出すように浮上し、その後、海中に突っ込むように潜航します（イルカのように完全に空中を舞うことはできません）。

この運動を、「舵（横舵と潜舵）」の操作およびバラストタンクの排水（ブロー）と注水（ベント）を組み合わせて瞬時にやってのける技は、相当なものです。ただし、艦内では動くものをすべて固縛し、乗員は何かにつかまっていなければ転げ回るので、大変危険な技でもあります。

最近の日本の潜水艦は、艦首に「ラバードーム（ゴム製ソーナードーム）」を装備するようになったため、ラバードーム保護のためドルフィン運動は行われなくなりました。残念ですが、現在の観艦式ではドルフィン運動を見ることはできません。

4-2 潜水艦の形状や配置

次に、潜水艦の船体の形状や配置がどうなっているか、見ていきましょう。

船体の大きさ

潜水艦の設計思想に、「大は小を兼ねる」とか「大きいことは良いことだ」という発想はありません。求めるのは、要求性能を満たす「最小形状（船体形状）」です。つまり、小さいことが良いことなのです。

小さいことを求める主な理由は、①「エネルギー」、②「雑音」、③「反射強度」です。①～③について順に説明していきます。

図4-2-1　原子力潜水艦と通常動力潜水艦の比較

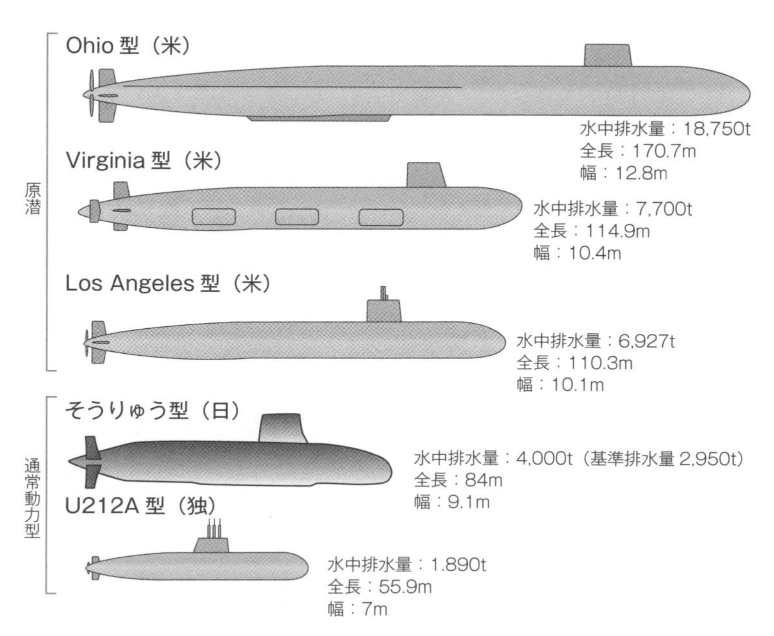

潜水艦に限らず、船体が大きいほど抵抗が大きく、推進エネルギーを使います。そればかりではなく、舵を動かすにしても、その他の機械システムにしても、図体（船体）の大きさに比例（船体の体積や表面積に比例）して大きな動力が必要となり、その分だけエネルギーを消費します。

潜水艦は海の忍者として、できるだけ浮上することなく、長く潜航していたいわけですが、限りあるエネルギー源しか持っていません（空中給油機のような発想はありません）。そこで、できるだけエネルギーを使わないように、小型化を目指します（①）。ただし、原潜はエネルギーがほぼ無尽蔵にあるため、通常動力型に比べて大型艦が圧倒的に多くなります。

そして、一般的には大きな船体からは大きな雑音が出ます。雑音源の主なものは、プロペラ、舵、機械システム、駆動用油圧システムなどですが、船体が大きいほどこれらもほぼ例外なく大きくなり、それに比例して雑音レベルも上がります（②）。

③の反射強度は「ターゲットストレングス（TS）」とも言い、潜水艦の場合は到来する音波に対する反射の強さのことで、船体の大きさに比例（ほぼ投影面積に比例）して大きくなります。相手艦のアクティブソーナーが発する音波は、船体が大きいほど反射面積も大きいので強い反射音となって返っていきます。すなわち、「反射強度が大きいほど見つかりやすい」ということになります。

そのため設計者は、要求性能や機能を満たしつつ、船体形状ができる限り小型になるよう工夫します。そして、工夫の結果として、潜水艦の内部は非常に高密度な配置となり、乗員の仕事と生活の場は狭くて厳しい環境になってしまいます。

図4-2-2は、戦後日本における潜水艦の大きさの変遷を示したものです。先ほど述べた小型化の努力とは裏腹に、右肩上がりで大きくなっています。これは、乗員に高級ホテル並みの住空間を提供するためではなく、ますます多機能化して搭載機器が増加しているためです。そろそろ通常動力型潜水艦の大きさの限界に来ていると言われていて、搭載機器を更に小型化したり、搭載する機器の取捨選択をして、今後はこれまでの延長線上で大型化することはないと思われます。ただし、スタンド・オフ・ミサイル発射用VLS搭載艦になれば、艦全体の仕様にもよりますが、更に大型化する可能性があります（第11章参照）。

図4-2-2　日本の潜水艦の大きさの変遷

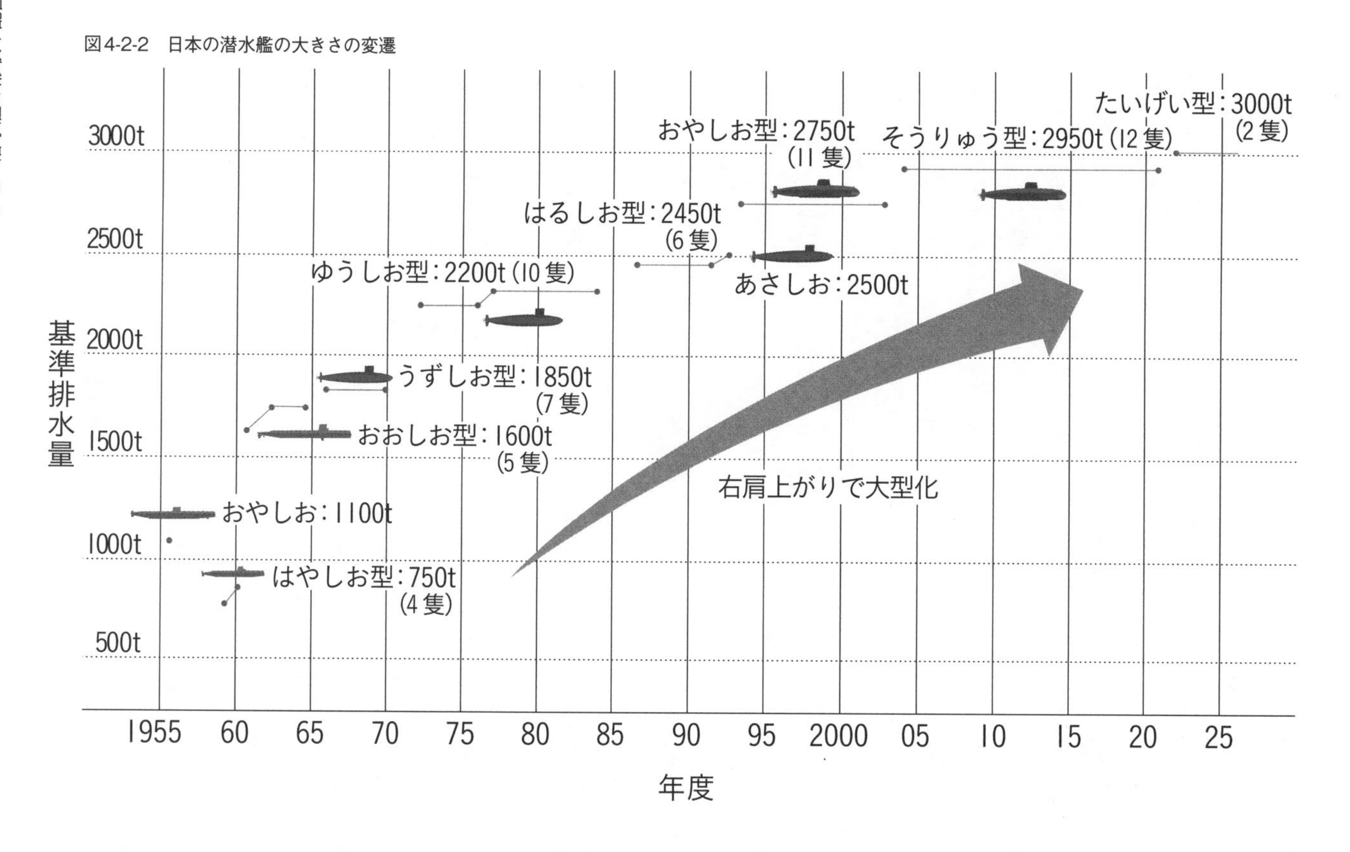

基準排水量

船の大きさを示すために使う数値に「排水量」というのがあります。これは、流体中の物体が押しのけた「量」（排水量）の浮力を受けること（アルキメデスの原理）を示しています。すなわち、船が大きくなればなるほど浮力も大きくなり、たくさんの荷物を積めることになります。

実際には、船の大きさは「軽荷排水量」や「満載排水量」などの専門用語で表示します。「軽荷排水量」は荷物を積まない状態での排水量、「満載排水量」は可能な限り荷物を積んだ状態での排水量です。

また、船に積める荷物の量は、貨物船のような商船では「載貨重量」と言い、

載貨重量 =（満載排水量）－（燃料、水、食料など）－（軽荷排水量）

となります。

さて、荷物を運ぶ貨物船と艦船（潜水艦も含む）では、船の大きさを示す排水量の種類が違います。

艦船では一般的に「基準排水量」を使います。この「基準排水量」とは、満載排水量から燃料や水、食料などの搭載重量を引いた排水量です（すなわち、船体重量〈軽荷排水量〉に武器、弾薬を加えた重量とほぼ等しい）。

基準排水量は、第1次世界大戦後の「ロンドン軍縮会議」で、船舶の大きさを決める各国共通の基準として定められました。なぜ、燃料や水、食料の搭載量を引くかと言えば、艦船の場合は「遠洋型」と「近海型」では、搭載する武器や弾薬が同じでも、航海日数の違いで燃料や水、食料の搭載量が変わるため、武装以外を差し引いて純粋な戦闘能力を尺度にするためです。

ロンドン軍縮会議では、各国の保有できる「基準排水量」の合計を定めて、軍拡に歯止めをかけました。

日本では、戦後の海上自衛隊も艦船の排水量として基準排水量を採用しています。現在の最新鋭艦である「たいげい型」の基準排水量は約3,000トンです。

◆速力

潜水艦の速力（スピード）には、「水中速力」と「水上速力」の2つがあります。潜水艦は、水中でも水上でも同じ主推進電動機で同じプロペラを回転させて推進します。しかしながら、同じ馬力（推進エネルギー）の場合は、水中の方が水上より速力が速くなります。水上では船体の「摩擦抵抗」と「圧力抵抗」（形状抵抗：剥離渦による抵抗）の他に、「造波抵抗」*が加わるからです。

水上船舶は、造波抵抗を減少させるため、船型に様々な工夫がなされています。しかし、現代の潜水艦は水中での推進・運動性能を重視した船型になっているため、水上航走には適しません（過去の潜水艦は、耐波性能を重視した船型でした）。従って、水上航走と水中航走を比較すると、同じ速力を出すのに水上航走の方が馬力を必要とします（同じ馬力では水上航走の方が遅くなります）。

潜水艦の速力について説明します。

潜水艦は、通常の行動では、低速（数ノット）で雑音を出さないようにしています。高速が必要になるのは、攻撃（例えば魚雷攻撃）を回避する、衝突を回避するといった、必要性はあるものの非常にまれな状況だけです。ところが、潜水艦がどんなに高速を出せるようになっても、その高速を持続できる時間に制約（通常動力潜水艦では蓄電池の容量）があります。これらのことを踏まえて設計すると、通常動力型潜水艦の最大速力はせいぜい20ノット（時速約40km）前後となります。通常動力型潜水艦では、船体の大きさ、搭載電池容量、主推進電動機の大きさなどから考えても、20ノット程度の速力が妥当なところなのです。

しかし、魚雷はもっと高速なので、高速3次元運動で回避行動をとると共に、魚雷の音響追尾（音響ホーミング）を撹乱（かくらん）するデコイ（音響チャフ）や、音響追尾されにくくなる水中吸音材など（5-1項参照）で対抗します。また、最新鋭の潜水艦ではリチウム電池の採用と電池スペースの増加で電池容量を増強していますが（4-4項参照）、これは電池の消費が激しい高速回避など高速での運用を可能にするためでもあります。

*造波抵抗：水上で船が走ると波ができます。この波を造るエネルギーに消費されるのが造波抵抗です。

ノット

「ノット（Knot）」とは、船舶や航空機の速度を表す単位で、国際的に標準化されています。1ノットは、1時間に1ノーティカルマイル（Nautical Mile）進む速さです。1ノーティカルマイルは、地球の緯度1分当たりの長さ（1,852m）です。

なお、米国などで使われている「国際マイル（International Mile）」は、1マイルが1,609.344mです。米国の自動車では、速度を国際マイル／時間で表しています。

◆潜航深度

潜水艦が深く潜るためには、潜った深度の水圧に耐える耐圧殻、そして潜った深度圧で正常に機能する駆動装置、ポンプなどの補機類が必要です。潜航深度が増すほど、耐圧殻の強度を増すためにその板厚が大きくなって重量も増加するので、それを駆動する装置が大型化し、深度圧で機能する補機類も大型化して、結果として船体も大型化してしまいます。従って、深く潜れることは小型であるほど有利な潜水艦にとっては不利なことです。

一方で潜水艦は、攻撃（例えば魚雷攻撃）を受けたときに3次元の回避行動（魚雷もあまり深くなると圧壊します）を行うため、自由に動けるだけの潜航深度が必要です。また、海中での音響特性を利用したソーナーの運用（5-1項参照）にも、ある程度の潜航深度が必要です。

潜航深度は、これらを総合的に判断して決めますが、現在の技術では数百mが妥当なところです。

潜水艦の形状

図4-2-3　そうりゅうの進水式──側面がすべて見えている

写真提供：海上自衛隊

図4-2-4　そうりゅうの上面──艦橋の狭さがよくわかる

写真提供：海上自衛隊

図4-2-5　そうりゅうの後方――X舵やディーゼルエンジンの排気がよくわかる

写真提供：海上自衛隊

潜水艦を遠くから見ると、黒く細長い船体で、どの潜水艦もほぼ同じ形に見えます。これは、今日の潜水艦としての機能を求めると、必然的に同じような形になるためです。もし、これまでの常識を覆す新技術が開発されたら、潜水艦の船体形状が根本的に変わるかもしれませんが……。

さて、今日の潜水艦で主要な部分を輪切りにすると、断面は丸い形状です。なぜ、断面が丸い形状なのかと言えば、潜水艦の強度が決まる「耐圧殻の圧壊強度」が強いからです。潜るほどに強い水圧を受ける潜水艦を、壊れないように設計するには、「座屈強度」（圧壊強度）を考慮する必要があります。そして、圧壊強度が最も強い形状は「球」なのです。

潜航深度が6,500mにもなる、海洋研究開発機構（JAMSTEC）の潜水調査船「しんかい6500」の耐圧殻は、もちろん球形です。その他、大深度型有人潜水船の耐圧殻も球形です。

しかしながら潜水艦は、球形の有人潜水船と違い、速い速度と高い運動性能に加えて多機能であることが求められます。更に、多くの乗員が長期間生活する居住空間も必要です。これらの条件を満たしながら必要な圧壊強度を保てるのが「円筒形」（球形の次に圧壊強度が強い）です。

図4-2-6　そうりゅう型の船体形状

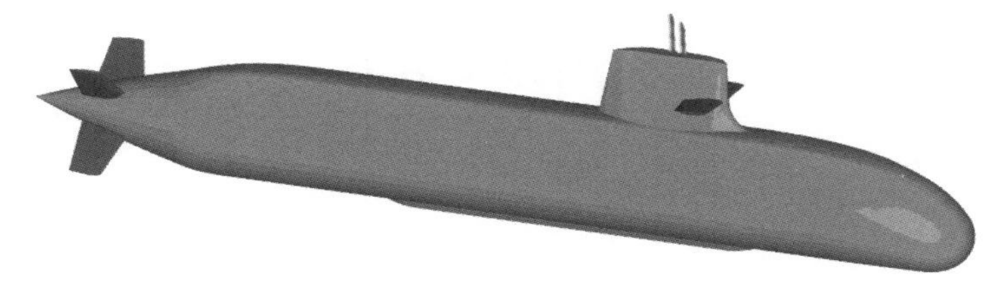

図4-2-7　「たいげい」の全体配置

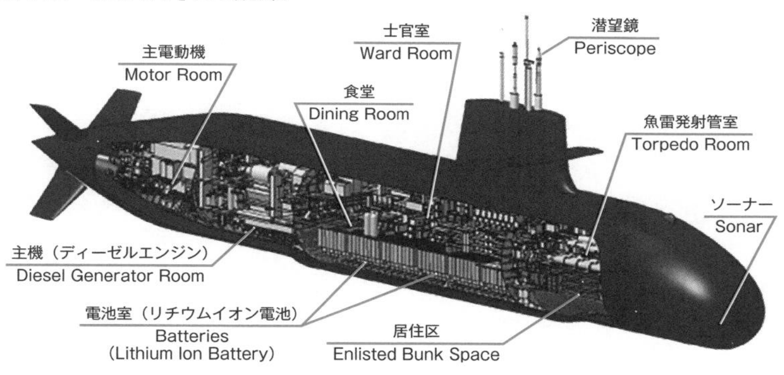

今日の潜水艦は、円筒形の耐圧殻の周りに、「非耐圧のバラストタンク」や「燃料タンク」などのタンク類、形状を整える「艦首部」や「艦尾部」、「上部構造の非耐圧区画」（耐圧殻に入れる機器を除き、外部に出せる機器を配置）を付与しているので、図4-2-6や図4-2-7に示すような船体形状となります。円筒形の耐圧殻の周りに必要な構造物を取り付けていくので、外形的には全体に丸みを持った船体形状となり、船体の上部に艦橋が乗っかります。この艦橋は潜水艦に必須なのですが、水中を高速で移動することを考えると、突起物である艦橋は邪魔物です。そのため艦橋は、流体抵抗が最小となる「翼型断面」をしています。

艦橋の内部には「潜望鏡」や「スノーケル給排気筒」、「レーダーマスト」などが収納されており、必要に応じて艦橋の上部に突き出して使います。艦橋トップには、見張り所が設けられています。水上航走が必要な入出港時や往来船舶の多い海域では、見張り所での見張り作業で操艦指示が出されます。ただし、艦橋トップにある見張り所なので、悪天候時や真夏・真冬は、大変厳しい環境下での見張り作業となります。

艦橋内のマスト

図4-2-8　艦橋マスト（おやしお型、そうりゅう型）

写真提供：海上自衛隊

現在の潜水艦は、通常、帰港するまで浮上することはありません。しかし、海中では充電や通信ができません。そこで、露頂深度を保ったままマスト類を海面上に突き出して機能させることになります。

実は、潜水艦に艦橋を設ける主な目的は、マスト類（簪（かんざし）類）を収納するためと、水上航走時に艦橋トップに見張り員を配置するためです。

装備されるマスト類は潜水艦によって多少異なりますが、「潜望鏡」や「スノーケル給排気筒」、「ESMマスト」、「通信マスト」、「レーダーマスト」などが収納されています。潜望鏡（4-1項参照）とスノーケル給排気筒（4-4項参照）は、別項で詳しく説明しています。

「ESM（Electronic Support Measures）マスト」（現在ではESマストと称する場合もあります）は、「逆探マスト」とも呼ばれ、主に海面上を飛び交っているレーダー電波の情報を集める装置です。ESMで収集した情報を解析し、その結果を操縦や戦術情報に利用します。通信マストには、衛星送受信用を含めて、いくつかの種類があります。

更に、艦橋側面に潜舵を配置する潜水艦では、艦橋側面の潜舵を駆動するための油圧シリンダーや、見張り所昇降用梯子（はしご）なども配置されています。

配置

潜水艦の主要部である「耐圧殻」ですが、耐圧殻の内部はいくつかの区画に分かれています。これは、普通の建物で言えば壁や仕切りのようなものですが、潜水艦では安全上の意味もあります。例えば、「魚雷で攻撃されて耐圧殻に穴が開いた」、「耐圧殻を貫通しているパイプや電線からの漏水で浸水した」というような場合、耐圧殻内が全滅しないように、区画を分ける「防水区画」を設け、壁（防水隔壁）で区切ることで被害の拡大を防いでいます。

図4-2-9 そうりゅう型配置

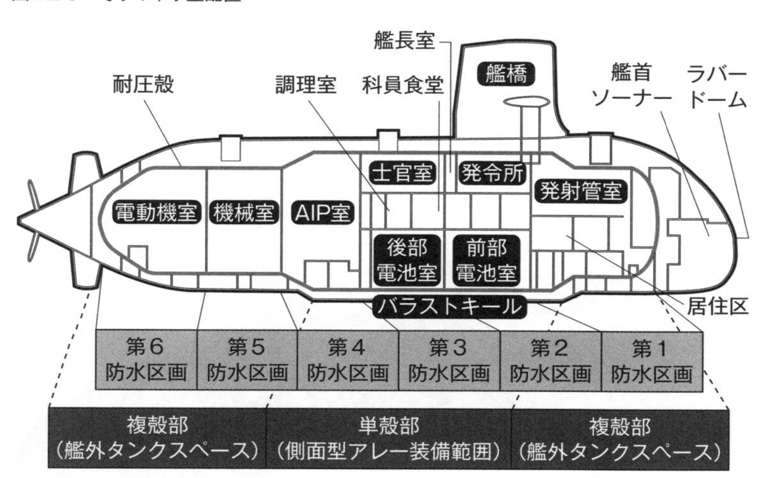

図4-2-10　「たいげい」の配置

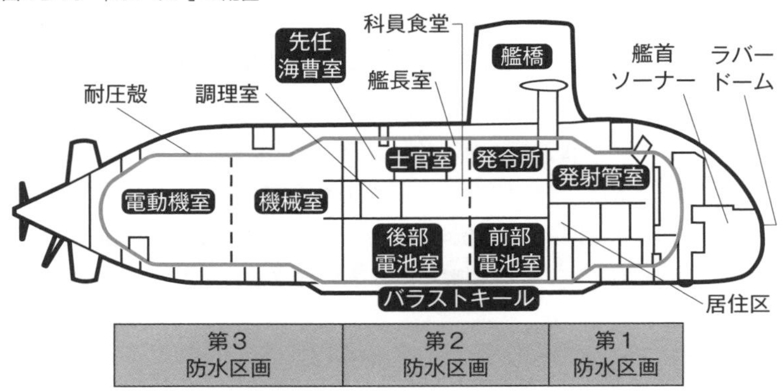

図4-2-11　各型の防水区画

おやしお型	そうりゅう型	たいげい
⚠1 ←	①「魚雷発射装置および居住区画」→	1
⚠2 ←	②「発令所、居住区画および電池区画」→	2
⚠3 ←	③「居住・食堂区画および電池区画」→	2
	④「スターリング区画（AIP区画）」	
⚠4 ←	⑤「ディーゼルエンジン、発電区画」→	3
⚠5 ←	⑥「主推進電動機区画」→	3
5防水区画	6防水区画	3防水区画

①、⚠1、1：防水区画番号

「たいげい」の全体配置図

写真提供：海上自衛隊

なぜ、このような配置になるのでしょうか。

例えば、魚雷は前方に打ち出します。そのため、魚雷の発射装置は必然的に前部区画へ配置されます。また、発令所は潜望鏡が収納されている艦橋の直下に配置する必要があるので、配置場所は決まります。他の区画も、居住区は音の静かな前方区画（後部区画にエンジンや大型補機類を集中配置）の空きスペースに分散して配置されます。重量がある蓄電池は、潜水艦の重心を下げるために下部区画に配置します。そして、主推進電動機は最後部のプロペラに直結するために、最後部区画などに落ち着きます。

なお、乗員の出入りや食料搭載のための「昇降筒」は、前部、後部と中央部2か所の合計4か所に設けられています。このうち前後部の2か所は脱出筒と兼用であり、緊急時に艦内浸水しても艦が傾いても脱出できるような装置が設けられています。また、中央部の1つは艦橋内部に繋がっています。

図4-2-12　発令所全景（おやしお型）

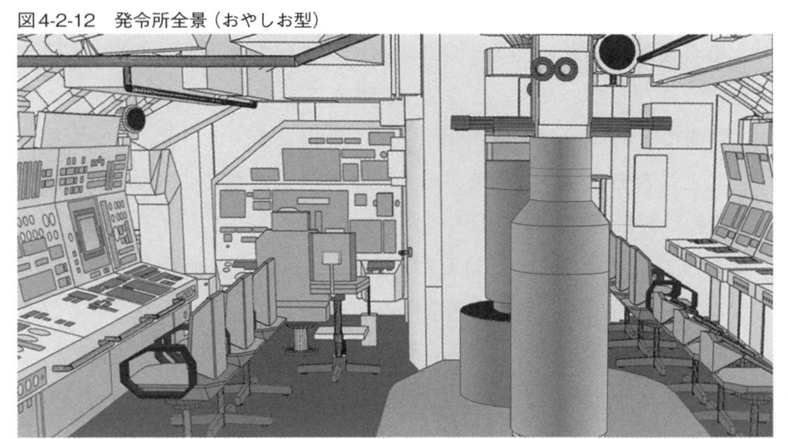

画像提供：川崎重工業株式会社

図4-2-13　機械室CAD図

写真提供：川崎重工業株式会社

潜水艦後部の、ディーゼルエンジンや発電機、補機類、主推進電動機が配置されている区画は、特に高密度に配置されています。

最近では、ほとんどの機器が発令所からの自動遠隔操作で動き、乗員を常時配員しておく必要がないため、乗員用のスペースは削られ、機器をどんどん詰めて配置するようになっています。その結果、艤装（ぎそう）工事や故障時のメンテナンスが大変です。機器にアプローチする人間は、狭い空間でアクロバティックな姿勢で仕事をすることになります。作業をする人達は設計者を恨みたくもなります。とはいえ、設計者は設計者で、艦をできるだけコンパクトに仕上げるために大変な努力をしています。最近では、「3D CAD（3次元CAD）」で潜水艦を設計します。3D CADなら、人間がアプローチできるかどうかをデジタルモックアップモデルでシミュレーションできます。更に、故障時の基板の引き抜き／交換スペース、ボルトやナット用のレンチを回すスペースが確保されているかどうかも、あらかじめシミュレーションで確認できます。そのため、設計者は便利な3D CADを駆使して作業可能な最小限の空間をつくってくれますが、現場の人間にとっては“やれないことはないが、かなりつらい”作業になってしまいます。

様々なタンク

潜水艦が機能するには、様々なタンクが必要です。それぞれのタンクには、用途によって海水や真水、燃料、油（潤滑油など）、空気、酸素、汚物など様々なものが入ります。また構造上、「耐圧タンク」と「非耐圧タンク」にも大別できます。

耐圧タンクは「深度圧」がかかるタンクなので、強度を確保（強く）するためにどうしても重くなります。非耐圧タンクは「深度圧」がかからないタンクですが、潜水艦では多くありません。

この項では以下、潜水艦の主なタンクを機能別に説明していきます。なお、説明するタンクが、すべての潜水艦にあるわけではありません。また、実際のタンクは必ずしも単一の機能のみを持つとは限らず、兼用や他で代替していることもあります。

図4-2-14　タンク配置の例

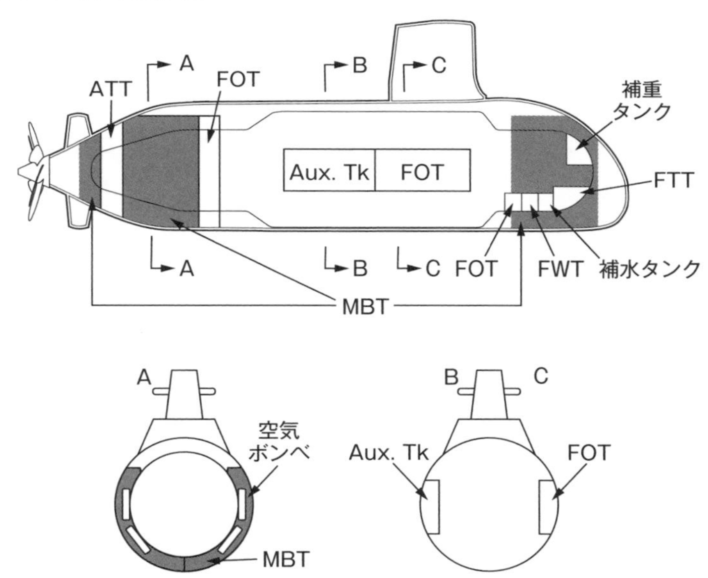

潜航・浮上に必要なタンク

◆バラストタンク（MBT：Main Ballast Tk）

バラストタンクは、浮上状態すなわち水上航走での予備浮力分（浮力－重量：この力で浮いています）の容量が必要になります。日本の潜水艦では数百トン規模となります。

すなわち、バラストタンクの容量が大きいほど、浮上したときの海面上の姿が大きくなります。バラストタンクは、耐圧殻外に配置される非耐圧タンクであり、浮上後の姿勢確保のために左右対称で、艦首から艦尾までほぼ均等に配置されています。艦首側のタンクを「前群」、艦尾側を「後群」と呼びます。様々な運用、例えば水上時の姿勢コントロールができるよう、ブロー／ベント操作を別々に行えるようになっています*。

通常の潜航・浮上では全群ブロー／ベントを行います（4-1項参照）。

◆空気ボンベ（気蓄器）

バラストタンクブロー用の空気は、「空気ボンベ」（家庭用LPガスのボンベに類似）として多数保有し、原則としてそれぞれのバラストタンク内に配置します。

空気が圧縮できることを利用し、大量の空気を数十MPaの高圧で圧縮して蓄えています。浮上するときは圧縮した空気を大気圧に戻し、大きな空気容積となるようにしています。

なお、空気ボンベの空気がなくなると浮上できません。そのため、艦内に「圧縮機（コンプレッサー）」を搭載し、水上航走やスノーケル航走のときに空気ボンベに空気を充気しておきます。

トリムをつくるためのタンク

◆補助タンク（Aux. Tk）

潜航時の艦の搭載状況や潜航時の深度・海水温度で変化する浮力に応じ、中正浮力（最適トリム状態：4-1項参照）となるように重量を調整する目的で使われるタンクが、補助タンクです。そのため、艦や周囲の状態に応じて、補助タンクの海水を注排水して艦の中正浮力（浮力＝重量）を調整します。補助タンクは原則として耐圧タンクです。

◆ネガティブタンク（Neg. Tk：N/T）

潜入時や急速に潜航したいときなどに、中正浮力に対し数十トンの負浮量（海中での浮力＜重量）を得るために使う耐圧タンクです。通常は、艦のほぼ中央部に配置されています。

---

*姿勢コントロール：艦首アップトリム（艦首を上とする縦傾斜）で水上航走したいときには、前群・後群のすべてのバラストタンクをブローした後、一部の後群タンクをベントします。

◆トリムタンク（Trim Tk：FTT、ATT）

艦首と艦尾の重量アンバランスを補正するために使うのがトリムタンクです。そのために艦首部（FTT：Fore Trim Tk）と艦尾部（ATT：Aft Trim Tk）に配置されている耐圧タンクです。

図4-2-15　補助タンク、トリムタンクによるトリム作成

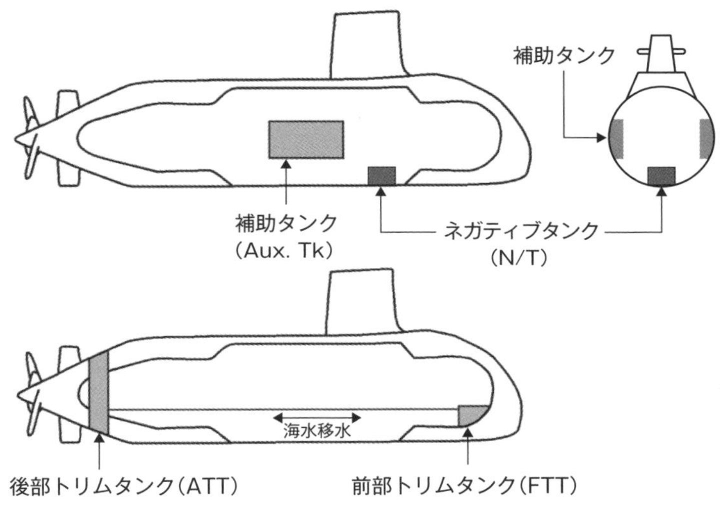

◆補水タンク（WRT：Water Round Tk）、補重タンク（Compensating Tk）

潜水艦の攻撃用武器である魚雷は重量があるので、発射すると潜水艦のトリムが乱れます。それを防ぐのが補水タンクと補重タンクです。正確には、魚雷用発射管の管内海水の重量補正用タンクですが、魚雷用発射管の仕組みがわからないと理解が難しいので、魚雷を発射する仕組みについて簡単に説明します。

まず、魚雷用発射管は艦内側と艦外側の両方に耐圧の扉（ハッチ）があります。魚雷を発射するときは、最初に外扉を閉じた状態で内扉を開きます。そして、魚雷を発射管に挿入します。次に、外扉は閉じたまま内扉を閉じて、魚雷発射管内に補水タンクの海水を移して、魚雷発射管を魚雷と海水で満たします。こうすれば、艦全体のトリム（重量浮力のバランス）は変化しません。次に、外扉を開いて魚雷を発射*します。魚雷を発射したら外扉を閉じ、魚雷発射管内の海水を補水

---

*魚雷の発射：世界各国の潜水艦では、様々な魚雷発射方式が採用されています。わが国では、はるしお型の途中から、「高圧空気でタービンポンプを回転させ、その水流（水圧）で魚雷を押し出す」ようになりました。この方法は低振動・低騒音で、安定して確実に魚雷を発射できます。

タンクと補重タンクに移して魚雷発射管内を空にした後、内扉を開きます。魚雷発射後の魚雷発射管内の海水は、魚雷発射前に比べて、発射した魚雷の容積分だけ多くなっています。多くなった海水分を補重タンクに移すということです。魚雷の比重は海水とほぼ同じになるように設計されているため、魚雷発射によるトリムの変化はありません。

図4-2-16　魚雷の発射手順

発射管へ魚雷を装填する

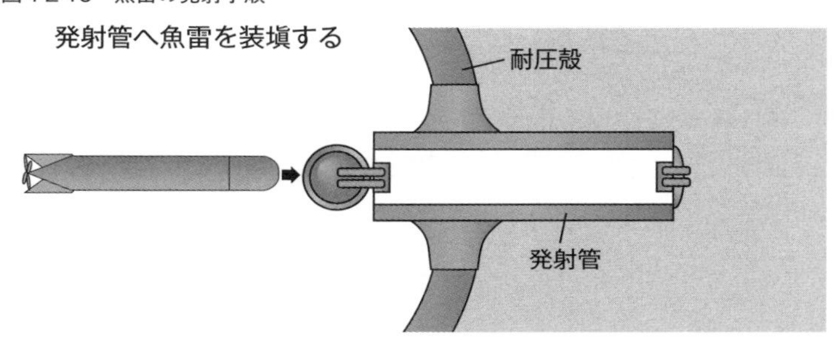

発射管内へ注水する（補水タンクから）

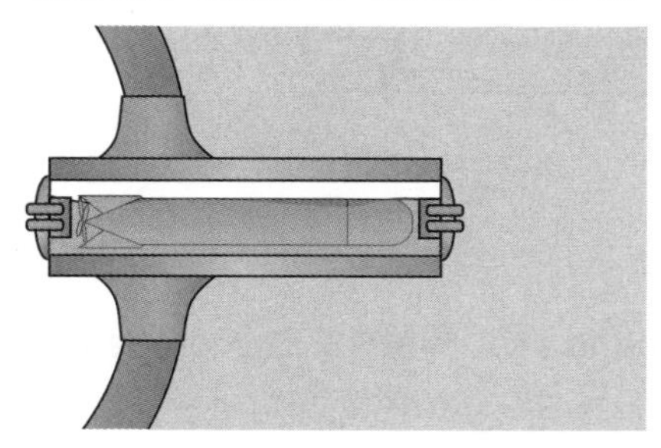

発射管内と外部の圧力を均一にする

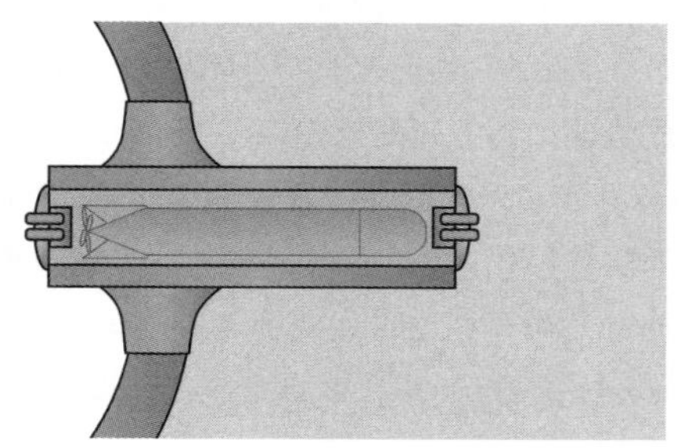

外扉を開いて魚雷を発射する

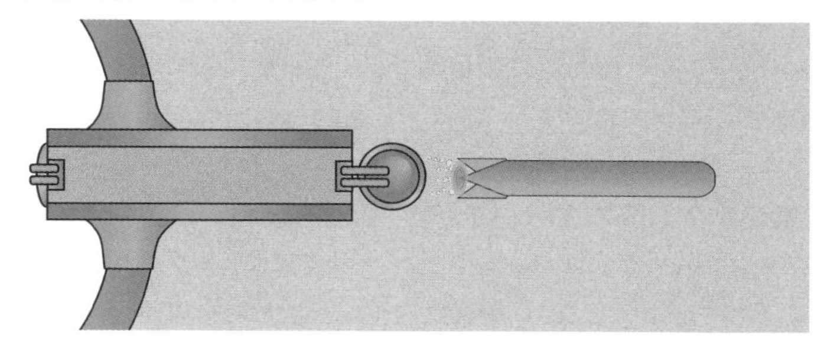

次の魚雷の装填準備をする（補水タンクおよび補重タンクに移水）

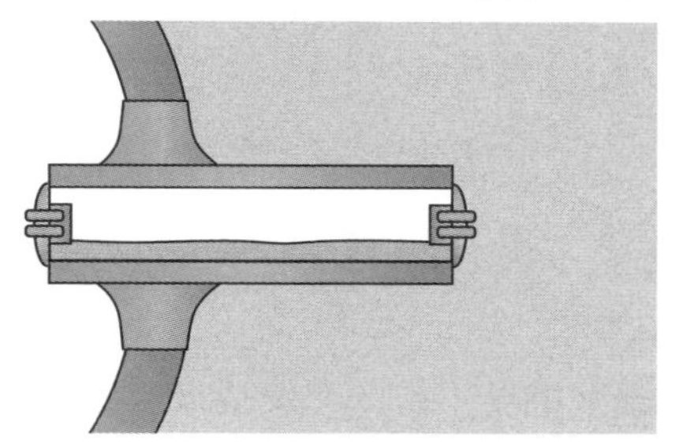

補水タンク：魚雷容積を除いた発射管内海水を貯めるタンク。
補重タンク：魚雷容積分の海水を貯めるタンク。
魚雷発射毎にタンク内海水が増える。
すなわち、発射した魚雷重量が補重タンクの海水重量に置きかわる（潜水艦の重量に変化なし）。

動力用燃料タンク

◆燃料タンク（FOT：Fuel Oil Tk）

潜水艦のディーゼルエンジンの「燃料（軽油）」を入れるタンクであり、航続距離や航海日数などで容量を決めます。消費した燃料に応じて重量が変化しても艦全体の重量がさほど変化しないような仕組みになっていて、バラストタンクと同様に非耐圧タンクです。

燃料である軽油の比重が海水より少し小さいことを利用して、消費した燃料に応じてタンクの底から海水が燃料タンクに入るようになっています。すなわち、燃料タンクは常に燃料と海水で満たされているということです。

◆ケロシンタンク

これはスターリングAIP艦だけの装備で、スターリングエンジンの燃料であるケロシンを貯蔵するタンクです。

◆液体酸素タンク（LOX. Tk）

液体酸素タンクもスターリングAIP艦だけの装備で、スターリングエンジンに必要な純酸素の貯蔵タンクです。酸素は液化することで容積効率が格段に良くなるため、液体酸素として貯蔵します。酸素の液化温度は約−180℃であるため、液体酸素タンクは特殊な低温貯蔵タンクです。タンク内を低温に保つため外部からの入熱を徹底的に抑える必要があり、魔法瓶のような二重構造とし、2つの層の間を真空にしたり防熱材を挿入したりする、といった様々な工夫がなされています。

生命維持・生活用タンク

◆真水タンク（FWT：Fresh Water Tk）

人間が生きるためには水が必要です。潜水艦の周囲に海水はありますが、人間は海水を飲めません。真水が必要です。そのため、真水を真水タンクに貯蔵しています。なお、現在の潜水艦は、真水が減ると造水装置で海水から真水をつくって貯蔵できます。

◆酸素ボンベ

人間の生命維持には酸素が必要です。閉鎖環境の耐圧殻では、酸素の消費に伴って酸素ボンベから酸素を補充します。なお、AIP艦では液体酸素を貯蔵しているので、液体酸素も有効に使います。

◆サニタリータンク（SAN. Tk）

潜水艦の中で生活する乗員は、必ず排泄（はいせつ）します。この排泄物を溜めるのがサニタリータンクです。

4-3 構造

潜水艦で多くの乗員が生活する耐圧殻を中心に、船体構造について説明します。

耐圧殻

潜水艦の耐圧殻は、円筒形の胴体の前部端と後部端を半球や楕円形の鏡板で塞いで造られています。そして、耐圧殻の円筒部には、補強のため、ほぼ均等なピッチで「T型フレーム」と呼ばれる補強材が溶接にて取り付けられています。

実は、フレームの製作や取り付けのコストを考えると、T型フレームを使った補強はやめたいのです。しかし、補強なしで同じ強度を確保するには、耐圧殻の円筒部分に使う鋼板を2倍以上の厚さにする必要があり、それでは重量的に不利になるので、やむをえず補強をしています。

ところで、今日の耐圧殻用の鋼板は、通常鋼板の数倍の強度を備えています。もし、一般的に使われる鋼板で代替したとすると、最大安全潜航深度は現在の数分の1になってしまいます。

逆に、現在の潜水艦が使う鋼板の2倍の強度を持つ鋼板が開発されたら、現在と同じ板厚でも設計深度が約2倍になり、同じ設計深度なら板厚を約半分にできます。

もし、次々に強度の高い鋼板が開発されたら、どうなるでしょうか？　仮定の話ですが、強度の非常に高い鋼板が開発されたら、設計深度が浅い場合、耐圧殻に使う鋼板が薄過ぎて、潜水艦自体の重量が軽くなり過ぎ、耐圧殻の持つ浮力が大き過ぎて、潜水艦なのに潜航できなくなります。潜水艦では、「船体重量と浮力がバランス」していないと潜航や浮上ができないので、設計深度と船体の大きさにマッチした強度の材料（鋼板）が必要です。

図4-3-1　潜水艦の構造と耐圧殻

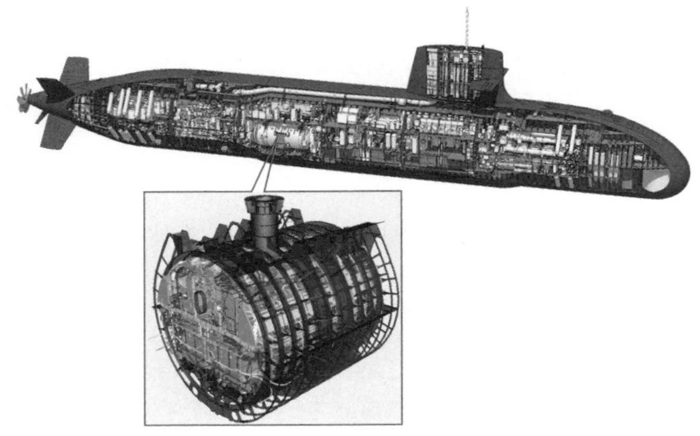

写真提供：川崎重工業株式会社

図4-3-2　耐圧殻とT型フレーム

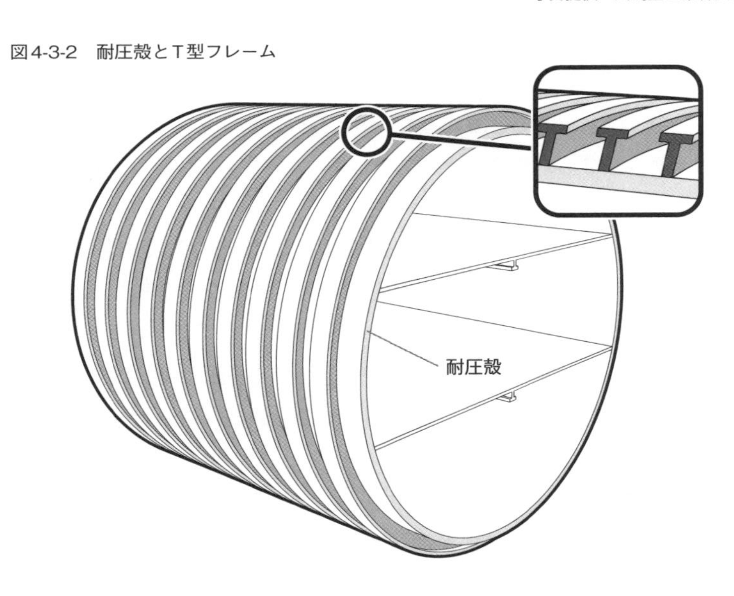

◆真円が要求される

　また、耐圧殻は「圧壊強度」で有利とされる「断面が円形の円筒形」を使いますが、ただの円形ではなく、ほぼ真円であることが要求されます。ところが、直径が約10mもある耐圧殻は厚い鋼板をプレス機で曲げてから溶接して組み立てるので、真円に製作することは非常に困難です。

そこで、「真円がどの程度崩れると（真円度）、圧壊強度がどの程度低下するか」を、実際に多くの模型実験で検証し、現実的に製作可能な真円度を設定したうえで設計します。そして製作にあたっては、この真円度に収める製作技術が要求されます。

日本は真円に製作する技術が優れており、直径が約10mであっても数mmから十数mm程度の誤差しかない、真円度の高い耐圧殻を製作できます。

「圧力容器（内圧容器）」や「耐圧容器（外圧容器）」も、多くは溶接で組み立てます。溶接で組み立てたものは、実際に使う前に、溶接による「残留応力」を開放するための「焼鈍（しょうどん）」という熱処理をします。そして、実際に使う圧力より高い圧力を加えた試験をして、その強度を保証してから使用します。

ところが、潜水艦の耐圧殻は大き過ぎて、焼鈍する炉がありません。そのうえ、陸上では外圧を加えるタンクもありません。

◆公試運転で耐圧強度を保証する

そのため、潜水艦の強度は引き渡し前の「公試運転（シートライアル）」で、設計時の最大安全潜航深度まで実際に潜ることで、強度を確認して保証しています。

当然のことですが、建造所の設計責任者と工事責任者も乗艦して潜航試験を行います。

このように書くと無茶な試験のように思われてしまいますが、公試運転まで、真円度のチェックを入念に行い、溶接の欠陥がないことも徹底的な非破壊検査で確認することにより、実施できています。

高い真円度と入念な検査によって充分な強度が保証された耐圧殻ですが、潜水艦として運用すれば、耐圧殻に充分な塗装を施していても、一部で腐食が発生します。また、潜航と浮上の繰り返しで圧力がかかることで、残留応力による変形も起こります。これは、潜水艦の長い一生を考えると、建造時の強度を低下させる要因があるということです。強度低下のリスクは、海上自衛隊への引き渡し後に定期的に実施される検査でチェックすることと、耐圧殻の安全率でカバーしています。

なお、耐圧殻には大きな開口部がいくつかあります。開口部の代表が「脱出筒・昇降筒」、「魚雷発射管」、「ディーゼルエンジンの給気管・排気管」などです。その他にも配管や電線の貫通穴が多数ありますが、強度低下を引き起こさないよう、これらには特殊な開口部補強処置をしています。

◆艦内構造の座屈

さて、実際に潜水艦が潜航すると、その深度に比例して外圧により耐圧殻は収縮変形します。その値は、直径の方向で10mm以上、前後（艦首尾方向）で数十mmにもなります。そのため、艦内（耐圧殻の内側）にある仕切り壁や床が、潜航による収縮変形の影響を受けることになります。何も処置をしていなければ、ひとたまりもなく座屈してしまいます。そこで、座屈防止のために「伸縮部」や「スライド部」を設けています。

実際に潜航すると、「伸縮部」や「スライド部」が「ギー、ギー」という音を立てて、非常に不気味な雰囲気を醸し出します。特に、新しく設計した構造では、対策が不充分で潜航したら突然「バキッ」という音と共に艦内構造が損傷を受けることもあります。

最近では、経験とノウハウの蓄積で「ギー、ギー」も「バキッ」も出なくなりました。この辺りが、“造船学は経験工学”だと言われるところです。

たいげい型では、艦内甲板の一部に、弾性体（ゴム等）による支持構造を施した浮甲板が採用されました。甲板に設置される機器への耐衝撃性の確保や振動伝搬防止のためです。浮甲板になると、甲板自身は耐圧殻から縁切りされていますが、甲板上に配置された機器に接続されている配管や電線は、艦首尾方向、左右舷方向共に潜航時の耐圧殻の収縮をまともに受けてしまいます。このため、耐圧殻の収縮に応じてそれを吸収する構造にしています。このように、浮甲板の採用にあたっては、構造だけでなく艤装上も耐圧殻の収縮を吸収する配慮が必要となります。

図4-3-3　浮甲板を支える弾性体

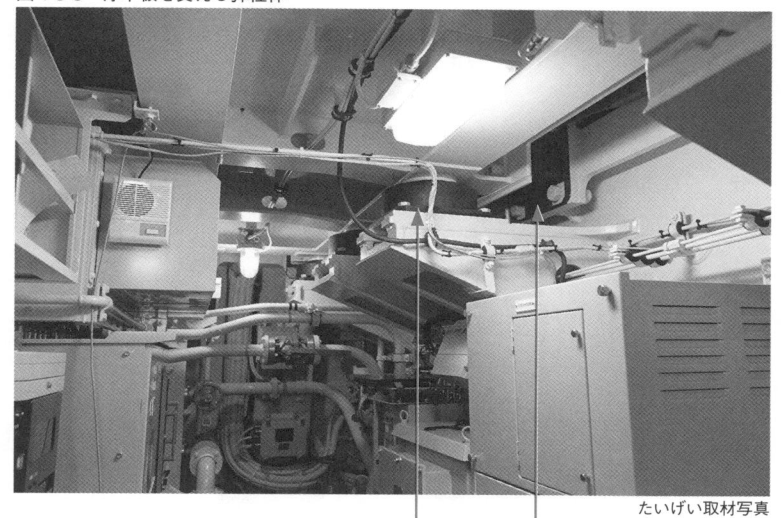

たいげい取材写真

圧壊強度

図4-3-4　模型圧壊試験

FIGURE 14.9 Buckling modes for ring-stiffened cylinders: (*a*) local buckling (axisymmetric); (*b*) local buckling (asymmetric); (*c*) general instability (overall collapse).

出典：Guide to Stability Design Criteria for Metal Structure

潜水艦の耐圧殻の設計にあたっては、最初に「圧壊強度設計」を行います。この「圧壊」とは座屈の一種です。そして、「座屈」とは、「圧縮応力場で突然、形状の安定性が崩れて、グシャッと壊れてしまう」現象です。

簡単に説明すると、真っすぐな棒の両端から、棒の中央に向けて力を与えると（圧縮荷重で圧縮応力）、ある荷重までは真っすぐなまま頑張ってくれますが、ある荷重を超えると突然、グシャッと棒が壊れます。これが座屈現象です。

そのため、「圧壊強度設計」とは「座屈強度設計」のことだと言えます。

もし、棒が最初から変形（ちょっと曲がっている、凹凸がある、など）していれば、真っすぐな棒よりかなり低い荷重でも座屈が起こります。これは、外圧を受ける「球殻」や「円筒殻」も同じで、外圧による圧縮応力場で、ある圧力以上になると突然、形状が不安定となり壊れます（これを圧壊と呼びます）。このような状況で圧壊しないように設計するのが「圧壊強度設計」です。

内圧を受ける球殻や円筒殻のように「①引張応力がほぼ均等に発生する構造」と、潜水艦の耐圧殻のように「②圧縮応力がほぼ均等に発生する構造」の違いですが、①は板厚の厚さや初期変形の大きさによらず、ほぼ材料強度に比例して形状を維持（壊れない）できます。対して②は、板厚が薄いほど、初期変形が大きいほど、材料強度に関係なく比較的低い荷重で圧壊（座屈）してしまいます。この②に関しては、充分に厚い板厚で初期変形がない理想的な場合（金属の塊から削り出したような）の理論的な設計法はあります。しかし、潜水艦の耐圧殻は鋼材を曲げて溶接をして組み立てるため、理論通りには設計ができません。その解決策として、小型模型を製作して圧壊実験を繰り返し行い、実際の圧壊強度を推定できるようにして設計を行っています。模型による圧壊実験では、材料強度や初期変形量、残留応力などによってばらつきが生じます。これらを包含するような実験カーブをつくって、設計に用いるのが一般的です。従って、新しい材料を潜水艦の耐圧殻に採用する場合、多くの実験が必要になります。

「タイタン」の事故

図4-3-5　タイタン号の外観と耐圧殻

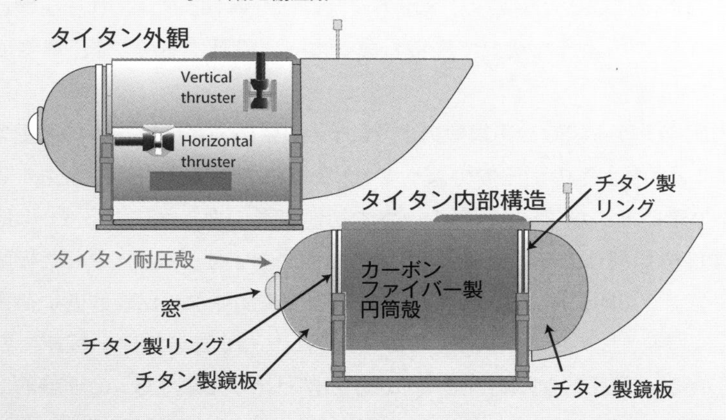

2023年6月18日に米国の有人潜水船「タイタン」が、北大西洋で沈没した「タイタニック」にアプローチしている途中で事故を起こしました。タイタニックから500mほど離れたところでタイタンと思われる破片が見つかったとのことです。

支援船との通信が突然途絶えて音信不通になったことを考えると、船体の異変に気づいて緊急浮上の操作（通常はバラストを投棄して正浮量として浮上）もできないうちに破壊されたものと想像されます。なぜ、このような事故が起こったのかは、今後の調査が待たれますが、これまでの報道から以下の通り推測しています（前項のコラムも参照してください）。

すなわち、円筒形の耐圧殻が全体圧壊を起こし、瞬時にばらばらになったものと思われます。

円筒殻の圧壊は、「胴板圧壊」と「全体圧壊」に大別されます。胴板圧壊とは、潜水艦のように円筒をフレームで補強した構造で、フレームとフレームの間の胴板で座屈（圧壊）が起こるものです。

一方、全体圧壊は、主に補強フレームのない円筒殻が、円筒全体で座屈（圧壊）するものです。タイタンは、顕著な補強フレームが確認できないため、全体圧壊を起こしたものと推定されます。

耐圧殻の設計にあたっては、理論的な圧壊強度をもとに、設計・工作上の懸念事項によって圧壊強度が理論値より低下することを見込んで設計し、模型による圧壊試験を繰り返して確認したうえで、最終決定をするのが通常です。

懸念事項としては、「耐圧殻断面の真円度」、「耐圧殻材料の強度や剛性の不均一性」、「前端部鏡板と円筒胴との繋ぎ目の剛性変化による曲げ応力」、「覗き窓取り付け部の剛性変化」、「残留応力や腐食」など様々な事項が挙げられます。

潜航を繰り返すと、耐圧殻には圧縮応力に加え、これらの懸念事項による曲げ応力、それに伴う変形等が生じ、その分だけ圧壊強度も低下していきます。

そこで、懸念事項による圧壊強度低下も見込んだ設計に、更に安全率を加えて、長期間の運用においても安全性を確保していく方法がとられています。また、各国および船級協会の基準を満たして、認定を受けることも必要です。更に、定期的に「変形」、「割れ」、「腐食」などの検査と補修も必要です。

このような観点でタイタンの事故を捉えると、タイタンが上記をどれだけ満たしていたかが問われることになりそうです。

深海に人間を送り込む技術は、相当に厳しい環境を克服する必要があり、冒険という言葉で乗り切れるものではありません。

今後、この事故を検証して、宇宙と共に人類にとって不可欠となる海洋分野への取組が適正化することを願うばかりです。

なお、この事故について日本の報道では、米国で報道された「implosion」を「爆縮」と直訳して説明していましたが、どちらかと言えば「圧壊（collapse）」のニュアンスではないかと思っています。

4-4 動力源（蓄電池、エンジン）

次は、潜水艦を動かす動力源の話です。陸上とはちょっと違う仕組みで動いています。

潜水艦は電気で動く

潜水艦を動かす動力源は「電気」です（非常時には一部「人力」「手動」も用います）。といっても、地上のビルや家のように、電力会社の送電線から電気が常時送られてくるわけではありません。

潜水艦は艦内に大量の蓄電池（2次電池）を配置して、この蓄電池からすべての機器に電力を供給します。現在運用中の艦では、まだ鉛電池（多くのガソリン車と同じ）が主流ですが、2020年以後に就役した潜水艦には、蓄電効率（体積比、重量比）の良いリチウム電池が、潜水艦としては世界に先駆けて採用されています。

蓄電池は、電気を使えば蓄電量が減るので、完全に空になる前に充電をする必要があります。充電の際は、主発電装置であるディーゼルエンジンを起動し、ディーゼルエンジンに直結している発電機を回して充電します。ディーゼルエンジンを動かすには、大量の空気が必要です。そのため、充電時は「水上航走」か「スノーケル航走」で海上から空気を取り入れます。この充電時が、通常動力型潜水艦の最大のウィークポイント（見つかりやすい）です。海中で重要な任務中であっても、蓄電池の残量が少なくなれば、リスクを冒してスノーケル深度まで露頂し、充電をする必要があります。従って、艦長は絶えず蓄電池の残容量を確認しながら行動の指揮をとります。電池容量が底を突きかけていても、海中に留まる必要がある事態なら、艦長は「徹底的に消費電力を落とす」指示を出します。例えば、「速力を落とす」、「艦を動かしたり乗員の生命を維持する最低限の機器以外は止める」などです。もちろん、艦内の照明、冷房、空気循環ファン（Fun Coil Unit）などの生活系機器も対象であり、この間は乗員が耐えるしかありません。

AIP（Air Independent Propulsion）

この苦しい状況を解決するのが、「そうりゅう型」で採用された補助発電装置である「スターリングAIP（Air Independent Propulsion）システム」です。

「スターリングエンジン」は、空気が不要で「ケロシン」（灯油に近い油）と「純酸素」で動きます。そのため、ケロシンと純酸素を専用タンクに入れて出港しますが、母港以外の港で補給するにはタンクローリーの手配など若干の制約を伴います。

また、従来からあるディーゼルエンジンの「燃料（軽油）タンク」に加えて、スターリングAIPでは「スターリングエンジン」、「ケロシンタンク」、「液体酸素タンク」も必要となり、ますます艦を大型化させます。

潜水艦にとって艦の大型化は致命的なので、スターリングAIPは低速前提の「小型低出力型」（燃料のケロシンや液体酸素も少なく）とし、水中での省電力オペレーションモードで必要な電力が賄える程度にします。

いずれにしてもケロシンと液体酸素が尽きれば、蓄電池だけの潜水艦と同じく、ディーゼルエンジンを使ったスノーケルでの充電が必要になります。

なお、ドイツの潜水艦で採用されている燃料電池も、AIPの1つです。

図4-4-1　通常動力型潜水艦は、充電のためにスノーケル航走が必要

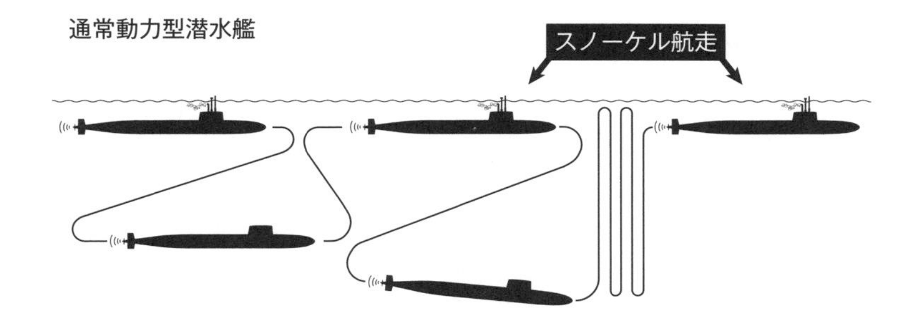

図4-4-2　AIP潜水艦は、AIPの電力で通常動力型より長く海中に留まれる

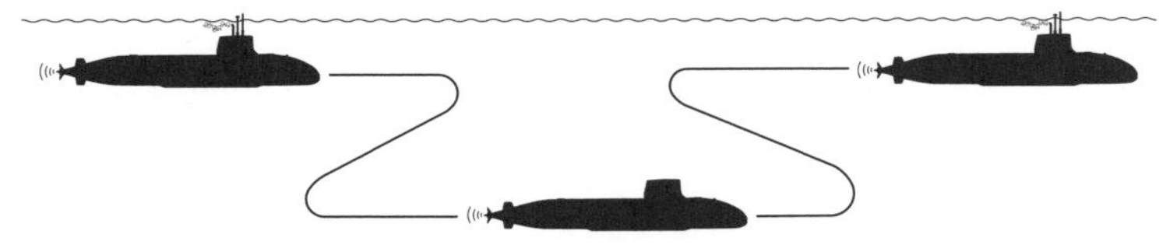

潜水艦の動力源の変遷

潜水艦には、動力源である蓄電池およびそれに充電する発電装置があります。日本の技術の進歩により、動力源が次ページの図のように変化してきています。

ここで、AIPと蓄電池との関係を少し説明しておきます。

長期間にわたりスノーケルを極力行わずに低速でひっそりと哨戒任務に就くときは、AIP艦が活躍します。また、攻撃されたときや魚雷発射直後に退避せざるを得ない状況では、高速での持続性があるリチウム電池艦が適していると言えます。

最近の潜水艦では、蓄電池を鉛からリチウム電池に移行できる安全性等の技術が確立できたので、スターリングAIPを廃止し、その空きスペースにもリチウム電池を搭載することになりました。またこれは、大容量のリチウム電池を搭載することで、AIPの低速哨戒を継続する機能が、実用上、リチウム電池でも果たせるようになったためでもあります。

すなわち、スターリングAIPはリチウム電池の技術レベルが潜水艦に搭載可能になるまでの過渡期の選択であった、ということになります。とはいえ、今後しばらくはAIP艦とリチウム艦が併存して運用されることになります。

なお、スターリングAIPの場合は、搭載できる燃料に制約があること、リチウム電池を大量に搭載した場合は、大容量蓄電池への充電時間の短縮化（スノーケル時の急速充電）が必須でディーゼルエンジンの出力アップ等が必要、といった課題もあります。なお、スノーケル時間短縮を目指した改良型ディーゼルエンジンは、たいげい型4番艦（2025年竣工予定）から採用されることになっています。このように、潜水艦の動力源に関しては、リチウム電池のメリットを活かすための研究開発が主力になってきています。

図4-4-3　潜水艦の動力システム

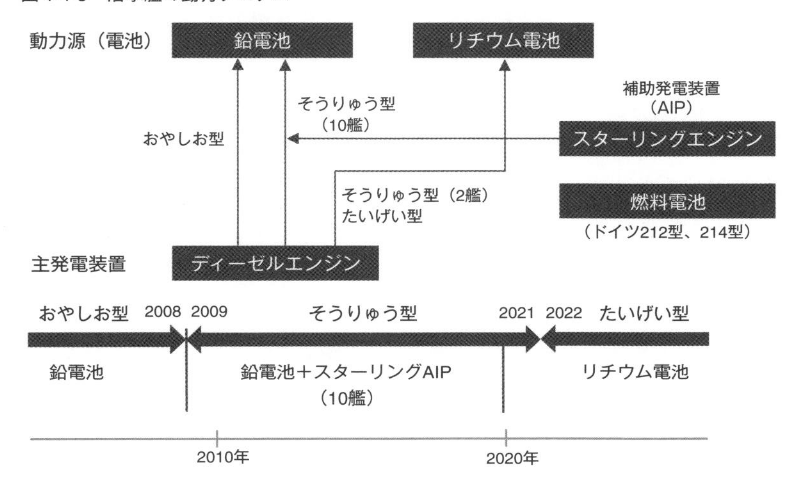

以下では、潜水艦の蓄電池、発電装置、主電源回路の個別技術について解説します。

鉛電池とリチウム電池

「電池」は、1次電池（Primary Battery）と2次電池（Secondary Battery）に大別されます。

1次電池とは、発電に伴う電気化学反応が一方向で可逆性がなく、一度使う（放電）と元の状態（充電）に戻れない電池で、マンガン乾電池やボタン電池などに代表される使い捨て電池です。

2次電池は、電気化学反応が双方向性で可逆性があり、充電して繰り返し使える蓄電池です。スマホやコードレス家電、自動車、潜水艦などの電池は皆このタイプです。

現在では、2次電池にも多くの種類がありますが、長い潜水艦の歴史の中では、その動力源にはほぼ例外なく「鉛電池」が使われてきました。その第1の理由は、「実用性」（膨大な動力源の貯蔵）と「安全性」で、鉛電池に代わる蓄電池がなかったからです。ただし、鉛電池を潜水艦の動力源として考えると、「大きい」、「重い」、「充電時に水素が発生する」といった弱点もあり、様々な改善や工夫がなされてきました。

一方、21世紀に入ると民生技術分野（自動車や家電分野など）で、鉛電池に代わる新しい2次電池の開発と実用化が進んでいます。中でも実用化が特に進んでいるのが「リチウム電池」で、潜水艦でも2020年からリチウム電池が採用されています。ここで、潜水艦用のリチウム電池について触れておきます。

潜水艦用リチウム電池は、正極にコバルト酸リチウム、負極に炭素材料を用いています。単電池であるセルの集合体をスタックと称し、このスタックが潜水艦の装備に適した形状になっています。また、技術課題であった短絡に伴う発熱・火災への対策として、電池管理装置で単電池の電圧や温度を常時計測し、短絡などの異常があれば特殊ヒューズで主回路から瞬断できるようにしています。これにより、ボーイング787やパソコンの火災事例にもあった技術課題に対処して「安全性」を確保しています。

この潜水艦用リチウム電池システムは、リチウム電池をジーエス・ユアサテクノロジー、電池管理装置を三菱重工業が開発しました。リチウム電池に関しては、日本が世界に先駆けて潜水艦に搭載しています。このことは、安全性も含めて潜水艦に適したリチウム電池の開発ができる日本の技術の優位性を示していると言えるでしょう。

図4-4-4　潜水艦用リチウム電池

写真提供：海上自衛隊

主発電装置（潜水艦用ディーゼルエンジン）

図4-4-5　スノーケル状態でディーゼルエンジンを運転

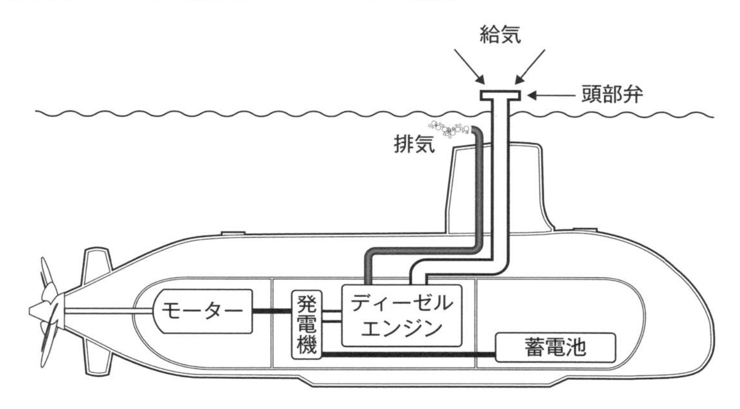

通常動力型潜水艦は、蓄電池に充電するための主発電装置としてディーゼルエンジンを搭載しています。小型で高効率なのに加え、潜水艦独特のスノーケルシステムにマッチした機関として、「4サイクルディーゼルエンジン」が主流となっています。

ディーゼルエンジンは19世紀の英国産業革命時に発明・開発・実用化されましたが、少し前に発明されたスターリングエンジンを駆逐してしまう勢いで使用され、その後約100年で、ほぼ成熟した技術となっています。な〜んだディーゼルエンジンか——と言われそうですが、潜水艦用のディーゼルエンジンは高度の技術で設計・製作されているので、それらについて説明します。

なお、戦後の日本において、潜水艦用ディーゼルエンジンは一部を除いて川崎重工業が製作しています。

◆スノーケル起動時の高排気圧

スノーケル航走でエンジンを起動したときは、スノーケル排気管に溜まった海水をエンジン内に逆流させずに排気筒から吹き飛ばす必要があるため、起動した直後の低い回転域では「圧縮機」（高い圧力で小風量）としての機能が必要です。

また、スノーケル航走では排気出口が海中に没したり波を被ったりするため、定常運転で「送風機」（低い圧力で大風量）として、排気出口から侵入しようとする海水を吹き飛ばす機能が必要となります。4ストロークエンジンは、排気行程があり、ピストンでシリンダー内の排気ガスを押し出す機能（この機能により排気ガスを圧縮することが可能）があります。

一方、2ストロークエンジンには排気行程がなく、エンジン自身に圧縮機としての機能がないため、現在では採用されていません。なお、ガスタービンエンジンは軽量でコンパクトですが、起動直後に圧縮機としての機能がないため、スノーケルに対応するためには、ディーゼルエンジンとほぼ同じ大きさの圧縮機を装備する必要があり、スペースの著しい無駄となります。更に、大量の空気を必要とするため、スノーケル給排気筒も大型化してしまいます。

◆起動後直ちに高負荷運転、急停止の繰り返し

隠密行動中の潜水艦は、短時間にスノーケルを繰り返すのが常道です。自動車で、「エンジンを起動して暖機運転せずにすぐに高速道路で高速運転して、すぐにサービスエリアでエンジンを切って休憩」の繰り返しをやっているようなものです。このような運転条件を可能にするには、急速高負荷時の局部高温による過渡的な熱応力に耐えることや、摺動・潤滑部が充分に機能することが必要です。

◆雑音低減

潜水艦で最も大きな雑音源はディーゼルエンジンです。そこで、ディーゼルエンジンには徹底的な雑音対策が実施されます。摺動部や嚙み合い部の部品精度を上げるなど、ディーゼルエンジンの振動低減対策を徹底しますが、振動自体は消せません。そのため、振動が耐圧殻まで伝搬しないよう、振動遮断の「防振ゴム」でディーゼルエンジン自体を支えます。

また、ディーゼルエンジンに直結している配管類は、「防振管継手」（ゴム製の配管）を用います。排気騒音に関しては、排気途中に消音装置（自動車やバイクのマフラーとほぼ同じ機能のもの）を設けています。

なお、防振ゴムや防振管継手は、駆動部（すなわち振動源となる部分）を持つ他の機器の振動低減対策にも用いられます（5-2項「雑音と雑音低減技術」参照）。

◆傾斜条件や耐衝撃性

潜水艦の水上航走は波浪の影響を受けて横揺れが大きく、傾斜が数十度に達することがあります。

また、潜航すれば横揺れはなくなりますが、急速潜航や急速浮上時は10度以上の縦傾斜になります。そのため、潜水艦は大傾斜に耐えられるような設計がなされています。

また、すべての潜水艦搭載機器に共通していますが、艦艇ですから衝撃的な外力に耐える設計もなされています。どの程度の衝撃力に耐えられるかは、各国共に秘密事項になっています。

◆メンテナンス性

潜水艦のエンジンメンテナンスは大変です。それは、とにかく狭いスペースにエンジンや関連補機がギッシリ詰まっているからです。

例えばバルブ操作でも、アクロバティックな姿勢が要求されるぐらいです。なので、エンジントラブル対応や部品交換は大変な作業になります。定期的に交換する部品は、昇降筒ハッチ（人がやっと通れる直径約650mmの昇降通路）から出し入れできるように設計されており、限られたスペースで部品交換できるよう配慮されています。

◆急速充電のための改良（新型主機）

潜水艦にリチウム電池が搭載されるようになり、AIPを廃止してそのスペースにもギッシリとリチウム電池を搭載した結果、その充電にはこれまでより時間がかかるようになってしまいました。

充電時間短縮のためにはエンジンのパワーアップが必要ですが、潜水艦に搭載する以上、形状の大型化はできないという制約があります。このため、主として「燃料噴射量を増やす」、「ピストンストロークの最適なタイミングで燃料噴射をする」という方法を用います。前者ではシリンダーをエンジンスペース上可能な範囲で長くすること、後者では燃料噴射の電子制御化（コモンレール）の採用により、出力増加を達成しています。

その他、高温に耐える材料の適用や振動低減対策（摺動部の高精度化等）も、より徹底して行われています。

この結果、従来エンジンに比べて短時間急速充電時の出力の大幅増を果たしています。

ディーゼルエンジンはほぼ成熟した技術ですが、潜水艦用としては様々な技術開発が必要なのです。

なお、エンジン出力が増加するということは給気量と排気量が増えるということなので、スノーケル航走時に対応できるよう、給排気管共に流量増（大径化や複管化）を図っています。ただし、給排気管が装備される上構および艦橋は非常に狭いため、この配置にはかなりの工夫が必要ですし、給排気流量の増加とともに大きくなる管内雑音の低減も必要です。

スターリングAIPシステム

図4-4-6　スターリングエンジン

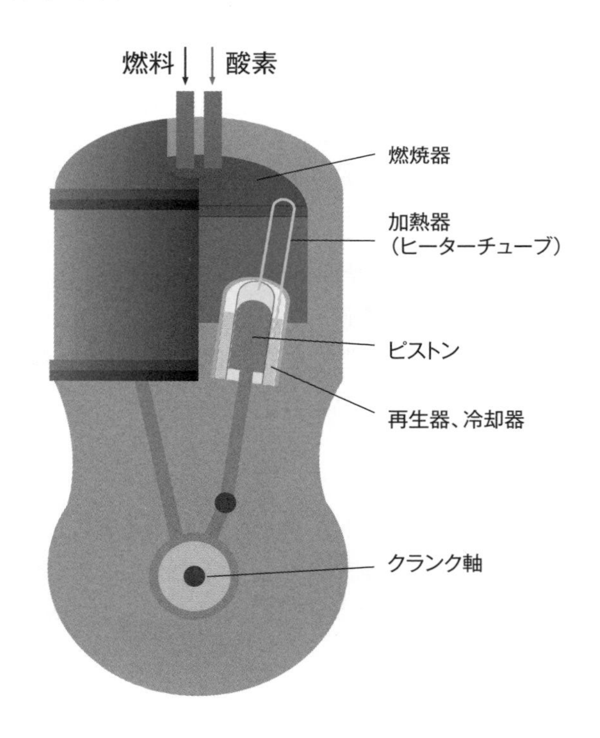

図4-4-7　スターリングAIP全体システム図

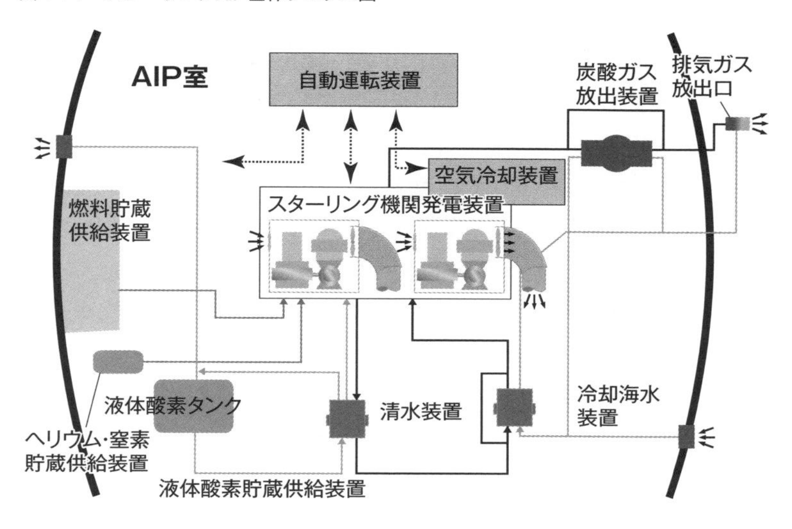

AIP（Air Independent Propulsion）システムとは、空気に依存しない発電装置のことを言います。潜水艦では空気に依存しない発電装置が理想的で、原子力がその代表です。日本では原子力アレルギーが強く、また船舶搭載に関する原子力技術が未成熟（例：原子力船むつ）なことで、原子力潜水艦へのアプローチは今のところありません。

次に有望なのが燃料電池です。近年、燃料電池は家庭用や自動車用として技術の進歩が見られますが、潜水艦用としての最大の技術課題は水素の貯蔵とそのハンドリング技術です。

水素は分子構造が小さくて漏れやすい性質があり、空気との混合で爆発の危険もあり、大量に貯蔵するためには液化して極低温で高圧保持することが求められます。液化貯蔵を回避する方法としては、化石燃料の改質や水素貯蔵合金などもありますが、潜水艦への搭載に必要となる小型軽量化には課題が多いと言えます。

現時点では、原子力や燃料電池に次ぐ次善の策として、スターリングAIPシステムが実用化されたわけです。この実用化技術や運用技術は、将来の燃料電池等のAIP技術にも役立つと思われます。

◆スターリングエンジンの歴史

「スターリング（Stirling）エンジン」は、英国の産業革命時代である19世紀初頭、スコットランドの「スターリング牧師」が発明・開発した「外燃機関」です。

産業革命は、動力機関として蒸気機関や内燃機関を生み、スターリングエンジンは効率やコストの面で対抗できず、継続的な需要を維持できませんでした。

20世紀に入り、オランダのフィリップス社がその静粛性に目をつけて、軍用として開発しましたが、大きな需要を創出するには至りませんでした。その後、スウェーデン海軍がフィリップス社から技術を買い取り、スウェーデンのコックムス（KOCKUMS）社が潜水艦用AIPとして実艦適用までの開発を担いました。

日本では、川崎重工業がコックムス社と技術提携して、日本の潜水艦用としてシステム開発を行い、当初、エンジン本体はノックダウン方式*で製作していました（その後国産化）。

◆スターリングエンジンとは

スターリングエンジンは、密閉された空間（ピストンシリンダー内）のガスを高温か低温にすることにより、その膨張と収縮でピストンに往復運動をさせて軸回転を起こす、という原理です。回転エネルギーは、内燃機関のようにピストンシリンダー内の爆発燃焼で得るのではなく、ピストン外部の燃焼室から安定的に燃焼している熱エネルギー（膨張エネルギー）を得るため、振動・騒音が極めて低いことが、静粛性を求められる潜水艦に適していると言えます。

また、熱エネルギーは何でもよいというメリットがあり、陸上では化石燃料を燃やすか再生可能エネルギーを利用（例えば太陽光で集光）して熱しても大丈夫です。潜水艦の場合は、高純度石油燃料（ケロシン）と純酸素を用いて約2,000℃で高温燃焼させます。水とCO_2（二酸化炭素）しか排出しないのが特徴です。

潜水艦用のAIPシステムとしては、エンジン本体や発電機、自動運転システム、液体酸素貯蔵供給システム、燃料（ケロシン）貯蔵供給システム、排気ガス艦外放出システムなどで構成されています。

その中でも特徴的なシステムとして、純酸素を液体で安全に貯蔵・供給するシステムがあり、約−180℃（1気圧の場合）の極低温液化貯蔵ならびにガス化して

---

* **ノックダウン方式**：この場合は、部品一式をコックムス社から輸入し、組み立てを日本で行う生産方式です。

最適量を供給する技術が、将来の燃料電池システムの水素貯蔵供給装置に繋がる技術として期待されています。

また、CO_2の艦外排出に関しては、CO_2が海水に溶けやすいため、極力微細バブル（泡）化して海水に接する表面積を最大化し、泡を早く消す技術（泡の浮力で泡が海面に到達すれば潜水艦の存在がわかってしまいます）にも工夫がなされています。

なお、スターリングエンジンは特別なものではなく、キットならAmazon等で買うことができます。スターリングエンジンの原理である「カルノーサイクル*」を勉強したい方は、このキットで勉強してください。

◆AIPシステムの今後

燃料電池に繋がる貴重なAIP技術ですが、10艦に採用された後、後続艦にはAIPに代わってリチウム電池が搭載されています。ただし、今後約20年はスターリングAIPの運用やメンテナンスを通じて、その技術が維持されることになります。20年後には、新たなAIP技術（例えば、より高性能な燃料電池等）が開発・実用化されて、新たなAIPの採用ということになるかもしれません。

＊ **カルノーサイクル**：フランスの物理学者S・カルノーが19世紀初頭に考案した熱サイクルです。等温膨張→断熱膨張→等温圧縮→断熱圧縮を繰り返します。スターリングエンジンは完全なカルノーサイクルではないものの、それに近い熱機関です。

潜水艦の主電源回路

図4-4-8　潜水艦の主電源の構成

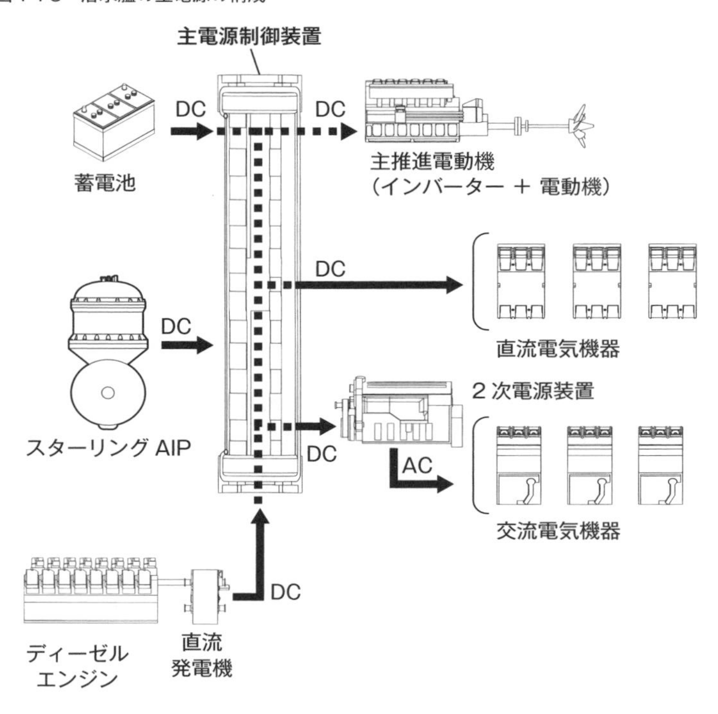

潜水艦の主電源の基本的な構成を上図に示します。

この図は、蓄電池を主要電源とする通常動力型潜水艦の場合を示しています。図では1系統だけが描かれていますが、実際には電源喪失のリスクを低減するため「冗長性」を有する複数の系統を備えています（6-1項参照）。

主推進電動機は永久磁石電動機の場合を示しており、蓄電池の直流がインバーターを介して交流に変換されて交流電動機に供給されます。

陸上の商用電源や通常船舶、他の輸送機器などと異なる潜水艦の主電源回路の特徴として、①「電池を主電源とする直流系であること」、②「最大の負荷としてプロペラ駆動用の主推進電動機を有すること」が挙げられます。

潜水艦の主電源は直流であっても、実際に世の中にある電気機器のほとんどは交流機器です。潜水艦でも、動力装置や制御装置、ソーナー、航海計器、環境維持装置、艦内生活用機器……といったものは、交流電源がなければ使いものになりません。従って、直流を交流に変換する2次電源装置の役割は非常に重要です。この2次電源装置として、かつては直流電動機で交流発電機を駆動する「回転型電力変換装置（DC motor-AC generator）」が採用されていました。最近では、電力用半導体の技術進歩に伴い、「静止型電力変換装置（インバーター）」が使われています。

4-5 主な駆動装置

潜水艦の動力源の次に、動力源の電気を使って駆動する機器について説明します。

直流電動機、交流電動機、永久磁石電動機

潜水艦の駆動用として使用されている電動機（モーター）について説明します。代表的かつ最大の電動機が、プロペラに直結して駆動する主推進電動機です。特にこの主推進電動機には、長年の間ほぼ一貫して「直流電動機」が使われてきました。

その理由は、直流電動機なら電池の直流電源をそのまま利用できること、そして交流電動機は回転制御の技術に難点があったことです。

そのため、潜水艦に限らず一般用でも、微妙な回転速度制御が要求される分野では、長らく直流電動機が使われていました。

ところが、20世紀後半になって「永久磁石電動機」（交流方式と直流方式があり、交流方式は「永久磁石同期電動機」）およびその回転制御技術の飛躍的進歩により、電車など様々な産業分野で、より小型軽量化が可能な交流方式の永久磁石電動機が席巻（せっけん）する時代となってきました。これは、永久磁石材料や電力用半導体素子（パワー半導体）、制御装置などの技術が飛躍的に進歩したからです。

その結果、潜水艦の主推進電動機もあえて交流化する時代になったわけですが、その最大の理由は小型軽量化できるメリットがあるからです。小型化のポイントは、部品点数が少ない（回転子に電気を送る整流子、ブラシ、スリップリングなどが不要）、「鉄心＋コイル」よりも永久磁石の方がシンプルで小型にできる、発熱が少ないので放熱設計上も小型化が容易、などです。

直流交流変換を行うインバーター装置を加えても、直流電動機より小型・軽量化できます。特に主推進電動機は、「潜水艦の耐圧殻の最後尾に配置しているため、縦傾斜モーメントに重大な影響を与える*」、「推進性能上、艦尾形状をスマートに絞り込みたい」といったことから、小型軽量化のメリットが大きいと言えます。

---

*艦尾が重いと、それに相当する重量を艦首部に配置せざるを得ません。

図4-5-1　永久磁石電動機の模式図

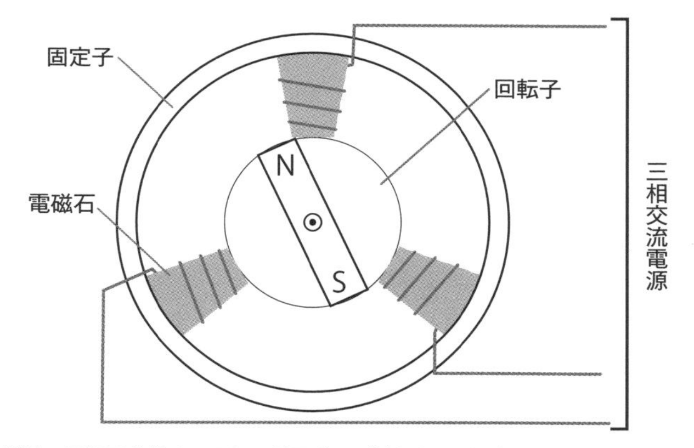

普通の同期電動機は、回転子が電磁石（鉄心とコイル）でできています。この場合、コイルに電源を送るためのスリップリングが必要です。この回転子の電磁石を永久磁石に置き換えれば、永久磁石電動機になります。

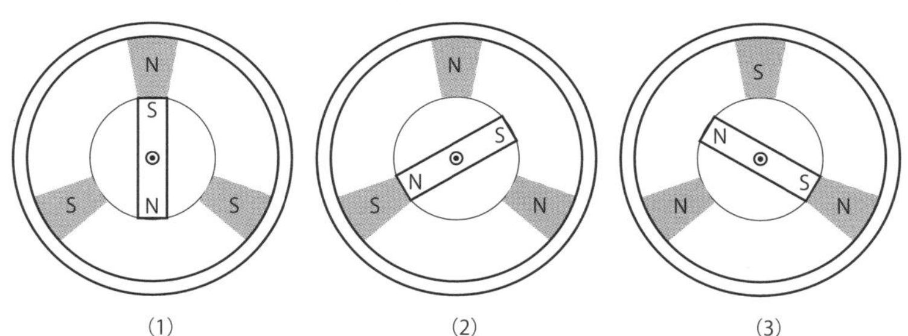

固定子は三相またはそれ以上の多相交流電源により、回転磁界をつくります。これによって、固定子のＮ極とＳ極は図のように順送りに入れ替わっていき、回転子の磁石がそれに引っ張られて、同じ速さ（同期速度）で回転します。

従来の電動機は「鉄心（コア）」に「電線（コイル）」を巻き付けた電磁石で回転に必要な「磁力（磁場）」を発生させますが、永久磁石電動機の場合はその役割を「強い磁性を持った永久磁石」が担います。この永久磁石にレアメタルを使うことで、ますます小型・軽量化して性能が向上しています。

また、潜水艦の主推進電動機は、プロペラの回転を低速から高速まで自由に制御しなければなりません。この制御を担うのが電動機の制御装置で、重要部品の1つが電力用半導体素子です。制御する対象や扱う電力に応じて、パワートランジスタやサイリスタなど種々の素子が開発されてきましたが、最近では「IGBT（絶縁ゲートバイポーラトランジスタ）」が広く使われています。

なお、直流と交流を変換するインバーター装置も、電力用半導体素子の技術に支えられています。

このように、技術の進歩と共に交流電動機やインバーターによる回転制御が主流になってくると、直流電動機のメーカーや技術者が減少する傾向が出てきます。潜水艦の場合、直流電動機が残存している既存艦もあり、メンテナンス上、人員不足や技術力の低下などが悩みの種となります。

なお、潜水艦以外にも海洋調査船や豪華客船の中に、電動機でプロペラを駆動する電気推進船がありますが、これらは潜水艦とは目的が全く違います。海洋調査船では音響機器の性能発揮のための静粛化を目的として、ディーゼルエンジン駆動から電気推進に移行しています。また、豪華客船では乗客への騒音対策として電気推進の採用が図られているのです。

油圧システム

図4-5-2　油圧システム系統と舵駆動系統

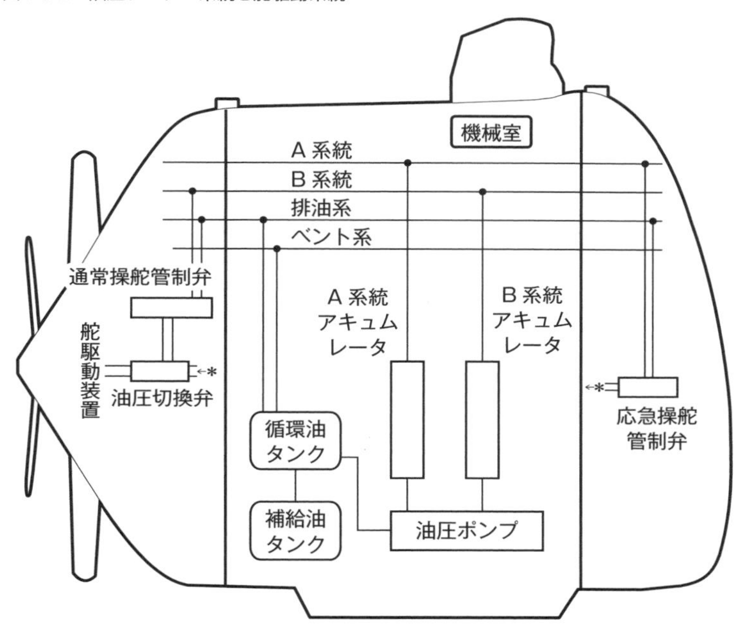

一般的に、機器を作動させるための駆動源としては、電動、油圧、水圧、空気圧などが使われます。潜水艦では、主に電動、油圧、高圧空気が使われています。

大きなものでは、プロペラの駆動は電動機であり、油圧ポンプを作動させるのも電動機です。その他、潜水艦の機器で大きな駆動力が必要な機器は、ほとんどが油圧を使っています。

油圧システムは、水圧や空気圧に比べて「高圧」（すなわち力持ち）で制御性や信頼性が高く、潜水艦向きと言えます。舵の駆動をはじめ、潜望鏡や艦橋内のマスト類の昇降、バルブの開閉、錨（いかり）の昇降、重量物（例えば魚雷）の移動などに使用されています。

潜水艦の油圧システムは、油タンクや油圧ポンプ、油圧アキュムレーター（蓄圧、蓄油装置）、油圧管制弁（電磁弁）、油圧アクチエーター（油圧シリンダー）などで構成され、それぞれの機器を駆動します。

駆動源となる油圧ポンプは、故障しても代替機が使えるように冗長性を確保しています。更に、駆動対象に油圧供給の優先順位をつけ、トラブルや故障があっても潜水艦の運用に致命的な障害が生じないよう配慮しています。例えば、舵の駆動や浮上に必要なバラストタンクの弁開鎖機などが最優先です。

最優先の油圧駆動装置である舵は、操縦装置から発せられる舵角(だかく)信号に基づき、油圧管制弁が開いて油圧シリンダーのピストンが動くことで、舵が動きます。信号の舵角まで動いたら、油圧シリンダーの位置信号が油圧管制弁に発せられてシリンダーの駆動が停止し、舵の動きが停止します。マスト類の昇降もほぼ同じです。

なお、魚雷の発射は油圧ではなく高圧空気で行います。

6 推進（プロペラ）

潜水艦を推進させるのは他の船舶と同様にプロペラですが、潜水艦用として様々な工夫がなされています。

潜水艦のプロペラ

図4-6-1　プロペラの推進原理

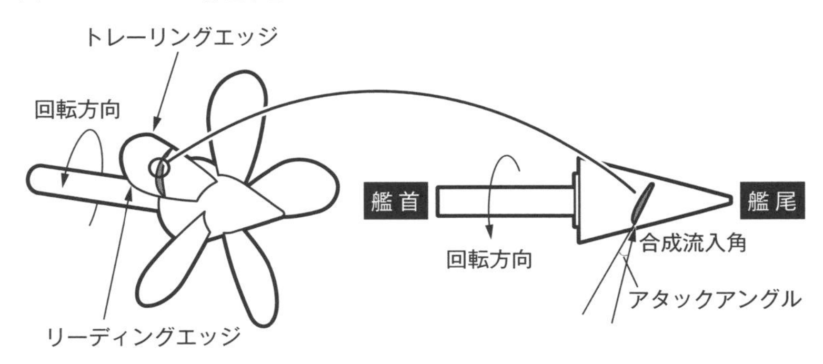

潜水艦は、艦尾端にあるプロペラで推進します。現代の潜水艦は水中の運動性能重視でティアドロップ（涙滴）型かそれに近い船型が多いため、船体の中心軸上にプロペラを配置する1軸推進（プロペラが1つ）が多いようです。一方、戦前・戦中の潜水艦は水中での技術的信頼性が低かったため、「必要なときだけ潜る／常時は水上航走が多い」ことから水上航走に適した船型が採用され、普通の船舶と同じような船型（水上での耐波性重視）をしている潜水艦が多かったようです。このような船型では、1軸推進だけではなく、プロペラを2基備えた2軸艦も多くありました。

このプロペラが、潜水艦の中では最も多くのエネルギーを消費します。

また、水中で直接水をかき混ぜていて最も雑音が出やすい機器でもあるため、潜水艦にとって最も重要な機器の1つです。プロペラの形状からその艦の推進性能が類推でき、プロペラの翼数からはそのプロペラの出す音が類推できるからです。それだけに、高効率で低雑音のプロペラを目指して各国が技術的にしのぎを削っています。従って、その形状はトップシークレットとなります。潜水艦が建造中あるいは修理のため建造所にあるときも、プロペラにはカバーをつけて絶対に見られないようにしています。

プロペラを用いない推進装置の開発も行われています。Tom Clancyの『レッド・オクトーバーを追え』に出てくるソ連原潜の超伝導電磁推進装置「キャタピラー」がその例です。米国海軍は真剣に超伝導電磁推進を研究しており、Tom Clancyはこれをデビュー作に使いましたが、残念ながらその研究はその後中止されました。主に効率と速力の限界が中止の理由だったようです。今後しばらく、潜水艦の推進装置はプロペラのままのようです。

潜水艦のプロペラは、一般の船舶と同じように、プロペラが回転することにより、その後方にネジ（スクリュー）のような流れができて推進しています。

プロペラの翼を、プロペラ軸の中心から同じ距離で切断すると、その断面は航空機の主翼と同じような形状をしています。断面の艦首側の凸の度合いが艦尾側よりわずかに大きく（艦首側の方がふくれている）、プロペラが回転すると回転方向に対して水は、翼の前端（リーディングエッジ）で艦首側と艦尾側に分かれ、翼の後端（トレーディングエッジ）でまた合流します。この流れを見ると、翼断面の「ふくらみ（凸度）」が大きい艦首側の流れが、艦尾側より速くなります。すると、「ベルヌーイの定理」（コラム参照）から、流れの速い艦首側の圧力が艦尾側より低くなり、その差分が推進力となります。これが推進力の基本原理です。

高効率・低雑音のプロペラの設計には様々なパラメーターがあり、上記の断面形状の他に、プロペラ直径（プロペラ軸から翼先端までの距離の2倍）と幅、翼の付け根から先端までのねじり具合（プロペラピッチ）、翼の枚数、プロペラ回転数などが挙げられます。直径の大きなプロペラを多翼化してゆっくり回転することを基本に、様々な工夫がなされます。

様々な工夫を取り入れて設計したプロペラの製作には、精密な加工精度も求められるため、加工技術の優劣が効率も雑音も左右するといっても過言ではありません。1987年のココム違反事案*は、高い加工精度を具現化する日本の加工機械の輸出に関するものでした。

なお、プロペラ雑音に関しては5-2項で解説しています。

***ココム違反事案**：ココム（COCOM：Coordinating Committee for Multilateral Export Controls）とは、欧米諸国による共産圏への軍事技術などの輸出を規制した協定です。ここで言うココム違反事案とは、1987年に東芝機械が旧ソビエト連邦に輸出した高性能機械加工装置がソビエト連邦の潜水艦プロペラの静粛性に寄与したとして、ココム違反と認定された事案です。この事実は、日本製工作機械のレベルの高さを示すことにもなりました。

ベルヌーイの定理と翼理論

図4-6-2 翼の原理

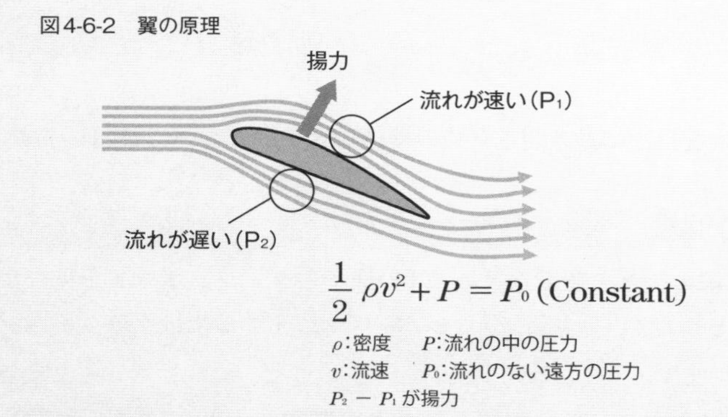

「失速」

アタック
アングル

剥離渦
（流速が上がらず揚力が発生しない）

ベルヌーイの定理とは、ダニエル・ベルヌーイが18世紀に立証した定理で、「流れの速度が上がると圧力が下がる」、「流れの中の動圧と静圧の和はコンスタントで、流れのない無限遠方の静圧に等しい」、「流れの中の圧力は、流速の2乗に比例して下がる」などと表現されます。

要するに、速い流れの中の圧力は低いということです。航空機の翼は、上面のふくらみ（凸度）が下面よりわずかに大きく、更に前方からの流れの入射角度（アタックアングル）を少しつけているために、上面の流速が下面より大きく、上面の圧力が下面より低くなり、その分が揚力として機体を上昇させる力になります。ただし、アタックアングルをつけ過ぎると、翼上面の流れがスムースに速くならず、翼面から流れが剥離して下面との圧力差が生じないため、失速して墜落する原因となります。

4-7 操縦

次に、潜水艦が海中を自由に動き回るための操縦システムについて説明します。

潜水艦の操縦

自動車であれば操縦のことを運転と言い、外の様子とダッシュボードを見ながら、ハンドルやアクセル、ブレーキ、シフトレバー（マニュアル車はクラッチペダルも）を操作して行います。

潜水艦の操縦は、発令所の一角に配置された操縦装置で、速力、方位（針路）、深度をコントロールして行います。

自動車のアクセルに相当する速力については、主推進電動機の回転数を操縦装置から入力して、指定の速力を得ます。急に増速したいときや急ブレーキをかけたいときは、前進か後進のプロペラ回転数を最大にして対応します。この場合、かなり大きなプロペラ雑音が発生するので、静粛性が求められる潜水艦では、よほどの緊急事態（急に逃げる、衝突回避など）でもない限り、通常任務では最大回転数は使いません。

同じく3次元空間中で操縦する航空機との違いは、「後進」があるというところです。航空機は前進する速力がなければ墜落するため、後進というモードはありません。一方、潜水艦はプロペラを逆回転して後進速力を得られるようになっています。ブレーキは、航空機では逆噴射によりますが、潜水艦ではプロペラを後進回転（逆回転）することで、前進スピードにブレーキをかけられます。

自動車や航空機は外を見ながら操縦するため、操縦席は前を向いています。しかし、潜水艦では操縦者が直接外を見ることができないので、必ずしも艦首方向に向いて配置する必要はありません。指揮官の発令に従って、操縦装置の計器類（速度計、深度計、方位計、傾斜計、舵の角度計、……）のみで操縦します。

なお、潜水艦の操縦は主として多種の舵をコントロールすることですので、その操縦を一般的に操舵と言います（操縦員を操舵員と言います）。

図4-7-1　発令所全景（おやしお型）

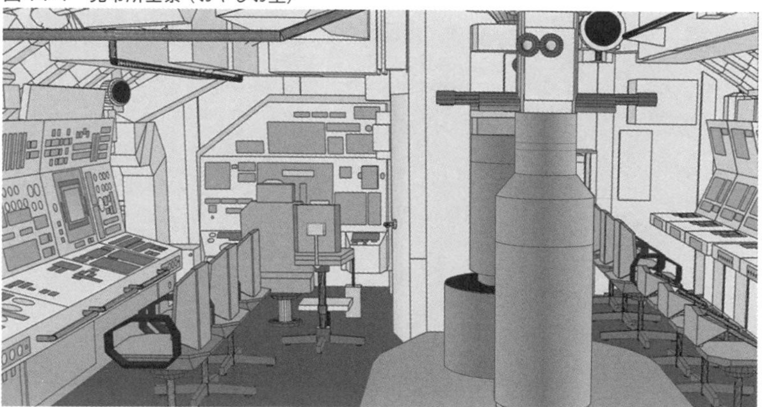

画像提供：川崎重工業株式会社

図4-7-2　発令所全景（たいげい）

たいげい取材写真

図4-7-3　操縦席（右手前）＋バラストコントロールコンソール（そうりゅう型）

写真提供：海上自衛隊

図4-7-4　操縦席（左手前）＋バラストコントロールコンソール（たいげい型）

たいげい取材写真

ジョイスティック

図4-7-5 操縦装置、バラストコントロール装置に発令する士官（そうりゅう型）

写真提供：海上自衛隊

舵

まず、海中を自由に動き回るための装置である舵について説明します。

潜水艦はこれまで、「縦舵」、「横舵」、「潜舵」という3種類の舵システム（「十字舵」）を備えていました。しかし、最近のそうりゅう型、たいげい型では、縦舵と横舵の両方の機能を備えた舵システムが採用され、形状がX字に似ているので「X舵」（海上自衛隊では「後舵」と称しています）という名称が使われています。

水中航走、スノーケル航走ではすべての舵を使用し、水上航走の場合は、十字舵では下部縦舵のみ、X舵では4枚のX舵がすべて機能して操縦します。

ところで、航空機には大きな翼（主翼）がありますが、潜水艦にはありません。なぜでしょうか？

航空機は、潜水艦のように重量と浮力を平衡させて「漂う（ホバリング）」ことができないため、前進速度とこれによる主翼の揚力がなくなった時点で墜落してしまいます。すなわち、航空機では重量に打ち勝つ浮力がないため、浮力に代わる揚力を主翼で得ています。ただし、揚力は前進速度がなければ働かないので、空中で停止していることはできません（ヘリコプターやオスプレイのように上昇方向のプロペラを備えたものは例外ですが）。

図4-7-6　舵の配置図（十字舵）

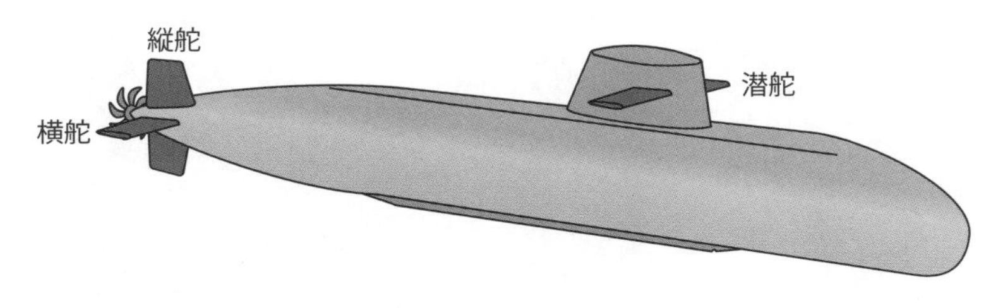

図4-7-7　舵の配置図（X舵）

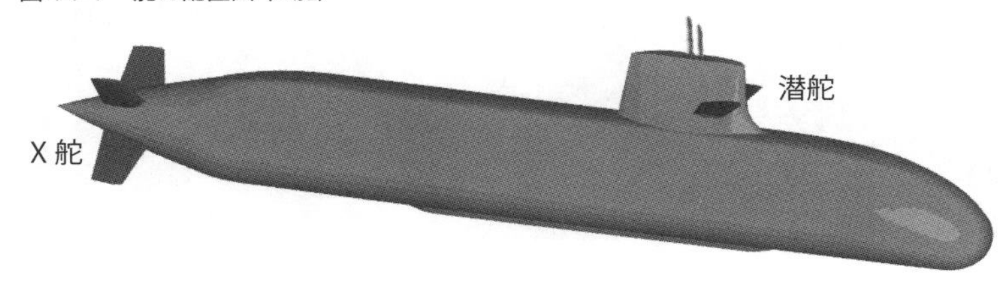

◆縦舵

「縦舵（じゅうだ）」は水上を走る船舶の舵と同じで、水平面の操縦をするための舵です。上部と下部の一対（外国ではまれに下部縦舵のみの潜水艦もあります）になっており、上部と下部の縦舵は常に同じ動きをします。

水上航走では、下部縦舵しか海水に浸っていないため、水中より舵の効きが悪くなります。

日本の潜水艦では、通常は下部より上部の方が大きくなっています。本当は下部をもっと大きくしたいのですが、船底ラインを越えて大きくすると、沈座オペレーションで海底に突き刺さるか、舵を傷めてしまいます。

右に旋回することを面舵（おもかじ）、左に旋回を取舵（とりかじ）と言います。

◆横舵、潜舵

「横舵（おうだ）」は水中のみで使う舵です。主として船体の縦傾斜の制御に用い、潜水艦の艦尾に左右一対で備えられています。

「潜舵（せんだ）」も水中のみで使う舵です。船体の上昇下降の動き（深度変換）や深度維持に用い、艦の中心より前の艦橋または艦首部に左右対称で備えられます。

この潜舵を艦首部に配置すると、船体から横に突き出すことになるので岸壁への着岸時に邪魔になります。そのため、折り畳める機構が必要になり、機構の重量や雑音の発生などのデメリットが生じます。その一方で、船体中央付近より充分に艦首側に配置した潜舵は、艦尾端にある横舵の回転モーメントを効果的に打ち消せるというメリットもあります。外国の潜水艦では艦首潜舵を採用する例もあり、これは各国の設計思想による選択だといえます。なお、日本の比較的新しい潜水艦は、潜舵を艦橋に配置しています。

海中で深度を変える場合、主として潜舵を使います。速力にもよりますが、この場合は必ず姿勢が変わります。すなわち、上方（深度を浅く）に行こうとすると必ずアップトリム（艦首を上に縦傾斜する）になります。この縦傾斜を制御するのが横舵の役割です。

ただし、高速で深度を変えたいときは、横舵を用いてこの傾斜をつけて素早く動きます。しかし、高速で横舵を使うととんでもなく縦傾斜がついてしまいます。戦闘機で宙返りするような状況です。とはいえ、潜水艦の場合は海中で宙返りするオペレーションはありません。艦内で傾斜に耐えられるのは、せいぜい傾斜30度ぐらいまでです。30度も傾斜すると、艦内の人は何かにつかまらないと転げてしまいます。このような場合には、そんな状態にならないよう、縦傾斜をある程度抑えるためにも横舵を使います。

◆X舵

建造所のドックに入った従来の潜水艦を後ろから見ると、縦舵と横舵が十字に見えます。最新のX舵は、十字を45度回転させたもので、X字に見えます。

X舵は、斜め45度に配置された4枚の舵を動かして、「縦舵」と「横舵」の両方を同時に機能させるものです。

舵は翼型の形状で、舵の面に垂直な力（揚力）を発生させます。この、45度回転させて配置された舵の揚力は、上方成分と水平成分を持ちます。これを利用して4枚の舵を組み合わせることで、海中で任意の3次元運動が可能になります。

また、X舵システムには「舵面積を大きくできる」という利点があります。十字舵は沈座オペレーションを考慮して、下部の縦舵が船底のキールラインより外に出っ張らないように設計されていました。水上航走のときは下部の縦舵しか機能しないので、水上航走の操縦性を良くするためには、できるだけ大きな舵が望ましいのですが、大きな舵にすると沈座オペレーションで舵が海底に突き刺さることになり、大きさに制約がありました。しかしX舵なら、舵を相当大きくしても、船体部から出っ張ることはまずありません。

◆どのように操縦するの？

操縦は、発令所の操縦装置にある操縦桿（そうじゅうかん）（X舵の場合はジョイスティック）を操作して行います。

まず、十字舵（おやしお型）の場合を説明します。航空機と同じように、水平運動は操縦桿を左右に回転させて行い、上下運動は操縦桿を前後に倒すことによって行います。すなわち、水平面内の運動と垂直面内の運動を別々に捉え、水平面内については、目指す針路と回頭速度（針路変換速度）を考えて縦舵の舵角を指示します。垂直面内については、目指す深度や姿勢角、深度変換速度を考えて横舵および潜舵の舵角を指示します。

おやしお型の操縦はワンマンコントロール（操縦桿は1セット）となっており、通常は自動操縦か半自動操縦とする場合が多いようです。

自動操縦では操縦桿は使わず、針路・深度を設定すれば自動で操縦が行われます。

半自動操縦では、「姿勢角（横舵成分）を自動とし、針路・深度を手動操舵する」、「方位・深度を自動として、姿勢角を手動操舵する」などの選択ができるようになっています。

手動操縦では、3組の舵を個別に切り替えて手動で操縦することが可能です。

一方、X舵（そうりゅう型、たいげい型）の場合は、ジョイスティックを握って任意の3次元方向に倒すことで操縦します。単に片手で握れるグリップがあるだけで、これを左右に倒せば、縦舵相当の舵力が発生するようにコンピューターが計算してX舵の4枚の舵が動きます。左右に大きく倒せば、大きな舵角で回頭速度が速くなります。また、ジョイスティックを前後に倒せば、横舵相当の舵力が発生するようにコンピューターが計算してX舵の4枚の舵が動きます。前後に大きく倒せば大きな舵角となり、縦傾斜が大きくなって深度変換速度が速くなります。グリップを右斜め前に倒せば、右回頭しながら深度が深くなる操縦になります。

例えば、発令者が「面舵20度、方位90度」と発令すると、操舵員はコンソールの縦舵相当の舵角値が20度と表示されるまでグリップを右横に倒します。その状態から方位90度になったところでグリップを中立に戻します。船のオーバーシュートの特性（舵を早く戻さないと、舵角を戻しても慣性力で方位がオーバーしてしまいます）から、設定方位の少し前でグリップを戻す必要があるのは、これまでの操舵方法と同じです。すなわちX舵でも、コンソールに表示されるそれぞれの舵角相当値を見ながら、十字舵と同じように操舵することになります。つまり、操舵中にX舵の4枚の舵角を意識することはないのです。このようにX舵では、実際の舵の動きは操舵員には関係なく、コンピューターが自動で制御します。

従ってX舵の場合は、針路・深度・姿勢などを自動操縦にしていて、針路・深度・姿勢を手動で変える必要が生じた場合には、ジョイスティックでの操作情報がオーバーライドされるようになっています。十字舵の半自動操縦とほぼ同じ機能です。X舵では、それぞれの舵の舵角を手動操縦することも可能ではありますが、「それぞれの舵角が縦横舵のどの角度に相当するのか」がすぐにはわからないので、通常は使いません。

図4-7-8　たいげい型のジョイスティック

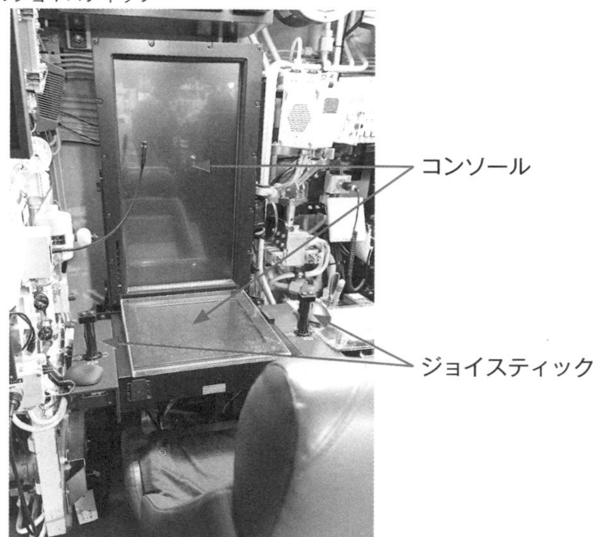

たいげい取材写真

航空機も、空中で潜水艦と同様の3次元運動をしますが、水平面内の運動と垂直面内の運動を別々に操作するというような面倒なことはしません。外の景色（戦闘機の空中戦では敵機）を見ながら、パイロットが1人で同時に判断して3次元運動の操縦をするのが一般的です。一方、潜水艦は全く外が見えない状況で速度も遅いので、水平面内と垂直面内の運動を別々に捉えて個別に手動操縦しても、問題はありませんでした。しかし、X舵の時代になり、コンピューターや制御技術の進歩で、潜水艦も航空機並みの操縦が可能になってきたと言えます。

◆舵の構造と駆動

図4-7-9　舵駆動装置の模式図

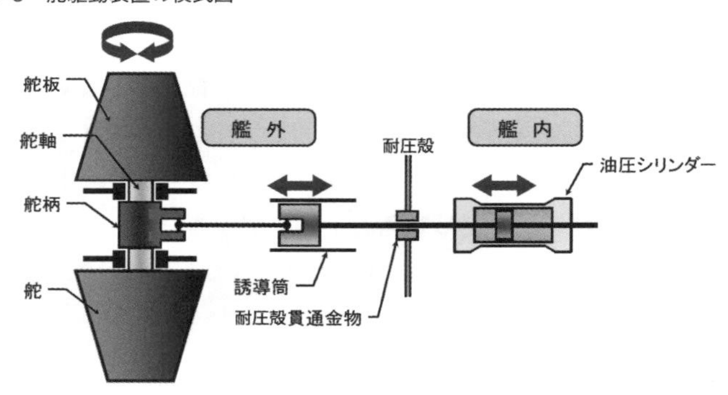

十字舵の「縦舵」と「横舵」、そして「潜舵」は、上下一対あるいは左右一対で同じ動きをします。これは、航空機と異なるところです。一方、X舵では4枚の舵がコンピューター制御で別々の動きをして、3次元操縦を可能にしています。

舵の駆動源は油圧で、図4-7-9のような仕組みで動かしています。舵軸は舵を動かす心棒で、舵の一番厚いところに配置されており、これを中心に舵が回転します。

上部の縦舵トップには「停泊灯」（X舵の場合、停泊灯は艦尾に仮設の旗竿（はたざお）に設置）、潜舵の翼端には「舷灯」が、海上衝突予防法に基づいて設置されています。

灯火の電線は、舵軸の中に小さなトンネル状の穴を開けてそこを通しています。舵軸の中心部分に舵軸に沿って細い穴を開けるのは、非常に高度な技術が求められます。

操縦に必要なセンサー、装置

海中を移動する潜水艦は、自動車のように目視やGPSで操縦を行うことができません。ではどうするのかと言えば、数多くのセンサーから集めた情報を総合的に判断して操縦しています。

例えば自艦の情報としては、「艦載慣性航法装置（SINS）」から位置・方位・艦傾斜（縦傾斜・横傾斜）情報、船速計（電磁ログ）から船速情報、舵角指示装置から舵角情報が得られます。

ここで注意してほしいのは、船速計の情報は「対地速度」ではなく、あくまで「対水速度」です。なので、速い海流の中を航行する場合は、海流の流れ（速度）を補正したSINSの対地速度を参考にして操縦します。

周辺情報（自動車なら目視情報）として、圧力計による深度、下方ソーナーによる水深（測深情報）、前方ソーナーによる前方障害物情報などがあります。

水上航走では、これらにGPS情報、レーダー情報、そして潜望鏡や艦橋見張りによる直接目視情報が加わります。

自動操縦システム

次に、潜水艦の自動操縦システムについて説明します。実のところ潜水艦の自動操縦は、現在の技術力をもってすればさほど高度なシステムとはいえないのですが、精度の高い自動操縦にはそれ相応の高度な技術とノウハウが必要です。

自動操縦とは、基本的には「深度や針路（艦の進む方向）を指定し、自動で舵を動かして操縦するもの」です。自動操縦中に艦が縦傾斜すれば、これも自動で水平にすることができます。

自動操縦システムは、目標として設定した深度や針路からのズレ（縦傾斜も）を修正するため、時々刻々に舵の最適な操舵角度を計算し、自動的に操縦してズレをゼロに近づけます。

このシステムの設計には、潜水艦の運動に関する精度の高い運動方程式が必要になります。例えば、「船体が傾斜したときに潜水艦が受ける流体力（力とモーメント）」、「舵をとったときに舵が受ける流体力」などを、精度よく把握できている必要があります。

流体力学を駆使した理論解析で初期設定しますが、なかなか実態と合いません。

そこでまず、縮尺模型を使った水槽での試験を繰り返して、補正していきます。

また、実艦への初期搭載後、「トリムよし」の状態にした後でわざと艦を傾斜させて航走し、トリムタンクや補助タンクの注排水で「トリムよし」の状態に持っていくことによって、その注排水量から艦の受けている流体力を知ることができ、自動操縦システムにフィードバックします。

このような検証を行うことで、システムの精度をより高めることできます。特に、船体形状が刷新される新型潜水艦の一番艦では、この補正に時間がかかります。

慣性航法装置（Inertial Navigation System）

「慣性航法装置（INS）」とは、航空機や潜水艦で使用され、連続的な電波やGPSによる位置情報が得られない場合に、自身の加速度や方位を計測することで位置を算出する航法装置です。特に潜水艦では「SINS（Ship's Inertial Navigation System：艦載慣性航法装置）」と呼ばれています。潜航中の潜水艦は電波やGPSが使えないので、SINSは操縦に必須の装置です。

まず、移動距離なら、SINSの加速度計から得られる加速度を時間積分して速力を計算し、更にその速力を積分して距離を算出できます。

同様に、方位変化は「ジャイロスコープ」で得られます。かつてはジャイロスコープと言えば「機械式」（要するにコマ）が主流でしたが、近年は小型で精度やメンテナンス性に優れた「リングレーザージャイロ」が開発され、INSの性能向上に大きく貢献しています。

リングレーザージャイロは、1960年代に米海軍で実用化されたスピンオフ技術で、機械的な回転部分がなく、レーザー光を利用して非常に高精度で角度変化（方位変化）を計測できます。

更に、露頂深度で間欠的にGPSによる位置補正を行うことにより、精度の高い位置・方位情報が得られ、潜水艦の操縦に寄与しています。

水上航走はとても大変

潜水艦は秘匿性の高い行動を求められるため、出港と同時に潜航し、行動を終えて入港する直前まで潜航していたいのです。

しかし、所定の水深がないと潜航できません（例えば瀬戸内海は浅くて潜航できない）。更に、交通往来の錯綜（さくそう）する水域（港に近いところ）での浮上作業は非常に危険なため、この水域に近づく前に浮上して水上航走します。

従って、水上航走は必ず行うことになります。この水上航走での操縦も、水中航走と同様に発令所の操縦装置で行います。

水上航走であっても操舵員は外が全く見えません。そのため、操舵員は針路と速力の指示に従って操縦します。一般的な水上航走では、艦橋の当直士官が、監視情報に潜望鏡からの情報やレーダー情報を加味して総合的に判断し、操舵員に操舵指示を出します。

また、潜水艦の水上航走では海面上に出ている部分が小さく、他船の監視（見張り）やレーダーに映りにくく、荒れて波の高い海域や霧中あるいは船舶の錯綜が激しい海域で、特に夜間は常にヒヤヒヤの状況にあると言えます。このため、水上航走で他船のレーダーに捕捉されやすくするため「レーダーリフレクター（レーダー反射板）」を艦橋上方に上げる、といった対策もしています。

なお、最近の潜水艦では、GPS、レーダーと連動した「電子チャート」や「AIS（Automatic Identification System：自動船舶監視装置）」も装備され、水上航走における事故回避に役立てています。

スノーケル航走は技が決め手

図4-7-10　スノーケル航走中の状態

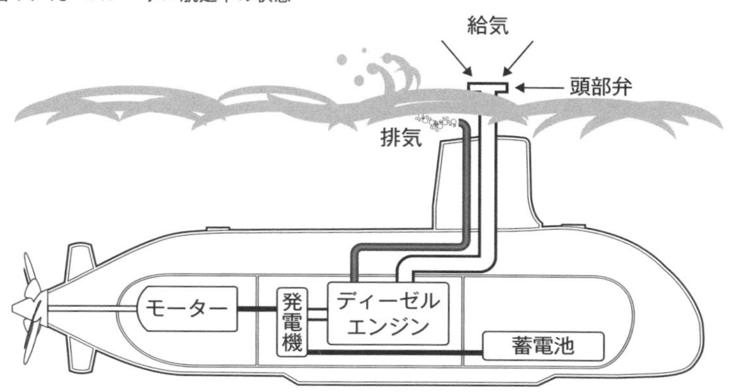

スノーケル航走では、蓄電池の充電にディーゼルエンジンを駆動するため、スノーケル給気筒や潜望鏡などを水面上に出して航走します。

このスノーケル航走の操縦で最も重要なのは、波の影響がある海面直下で、浮力と重量が釣り合った中での深度維持です。特にスノーケル給気筒が水没すると給気弁が閉じて外気の給気ができなくなり、艦内の空気をエンジンに給気するため艦内気圧が下がります。このとき、一般人が乗艦していると鼓膜異常になることもあります。また、この状態が長く続けば自動的にエンジンが停止するように配慮されています。

この深度維持は意外と難しく、船体がうねりや波浪の影響で絶えず上下するため、自動操縦（深度一定の）は困難で、通常は操舵員が手動で操縦します。

また、トリムが正常でないと、深度が深くなったり浅くなったりします。操舵員のスキルやトリムづくりがものをいうことになります。

また、スノーケル航走では海上の風向や波の方向も考える必要があります。例えば、艦尾から風を受けると（追い風）、排気ガスを給気筒から吸って、艦内に排気ガスが入ってしまいます。

また、「向波」（波の進行方向に逆らって進む）や「追波」（波の進行方向に進む）で航走すると船体の「縦揺れ（ピッチング）」が大きくなり、「横浪」（波の進行方向と直角に進む）で航走すると横揺れが大きくなります。

揺れが大きいほど、揺れに合わせてスノーケル給気筒が水没するので、スノーケル航走では、風向や波の方向を充分に考慮して針路を設定する必要があります。

4-8 通信

潜水艦はその隠密性のため、出港したら一匹狼だと言われていますが、通信手段も必要です。

ここでは、潜水艦の通信手段について説明します。

潜水艦の通信

潜水艦は隠密行動が主体なので、通信を常時行うことはありません。通信手段である電波や音波を発信したとたんに、その存在と位置がばれてしまいます。

そのため、潜水艦はいったん出港すれば単独行動が原則で、一匹狼にならざるを得ません。とはいえ、緊急時やどうしても通信が必要なときのために、通信手段を備えています。

水上航走や露頂深度では、通信マストを使って通信を行います。それより少し深い深度で通信マストが使えない場合は、「フローティングアンテナ」と呼ばれるワイヤー状のアンテナを艦橋トップから展張（ただ流すだけ）して、長波（LF：Low Frequency、30～300kHz）を受信することができます。

ただし、フローティングアンテナは、使用時の深度や速力に制約が多いだけでなく、「長波」の受信では通信速度にも限界があります。

また、以前は陸から離れて使える電波は「短波」（3～30MHz）だけでしたが、現在では「衛星通信」が主流になっています。

一方、海中では電波が役に立たないため、音波による「水中通話機」が使われます。

水中通話機

「水中通話機」とは、海中で会話によるコミュニケーションを行う装置です。相手に伝えたいことを水中通話機のマイクに向かって話すと、水中送波器から音波となって海中に発信され、相手は海中を伝わってきた音を受波器で受けて、その音波を元の会話に戻して聞き取る――というものです。

図4-8-1　水中通話機の模式図

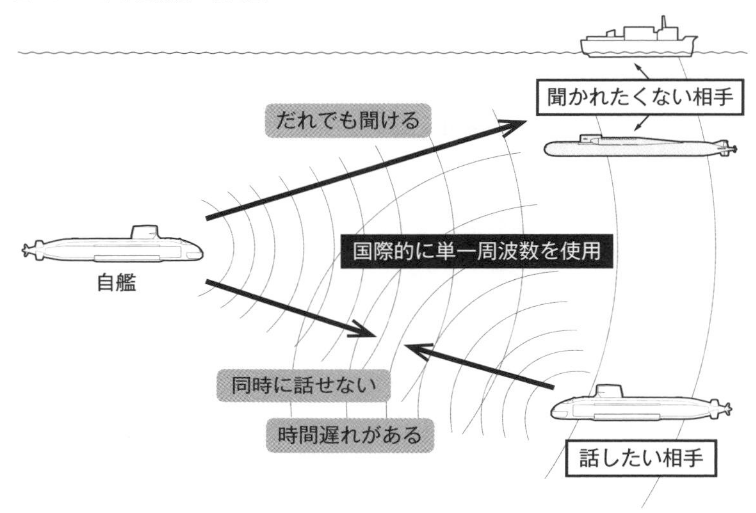

図4-8-2　水中通話機で通話中

たいげい取材写真

この説明だと電話のようなものを想像されると思いますが、実際は「拡声器を使って、離れたところ同士で会話している」という感じです。

そのため、付近に水中通話機を備えた水上艦や潜水艦がいれば、会話の内容は筒抜けです。そこで、聞かれて困ることは、暗号で話します。

また、クリアな音質で会話ができるかと言えば、音が海中を伝搬する過程で、「海底反射」や「海面反射」、「変化層（サウンドレイヤー）」による伝搬障害で、「エコーがかかる」、「二重に聞こえる」、「強弱が不安定」など、会話しやすいものではありません。また、早口でしゃべると相手が聞き取れないので、早口のケンカには使えません。

水中通話機のその他の特徴を次にまとめました。

①同時に話せない：

「話す」と「聞く」を同時に行うことはできません。「プレス・トーク（press talk）方式」と言って、話すときはマイクの「発信用ボタン」を押し（press）ながら話し（talk）ます。このとき、相手が言っていることは聞けません。

こちらが話をすると、送波器から発信されるこちらの声が自身の受波器にも入るため、「聞く」回路を殺しておかないと、自分のしゃべったことが大音量で聞こえてしまうのです。

②遅延する：

音が伝わる時間に遅れが出ます。海中での音速は約1,500m/秒です。なので、約4.5km離れた潜水艦同士が会話をすると、しゃべる方も聞く方も３秒ほど遅れます。そのため、大変もどかしい会話となります。

③通信周波数の共通化：

海中での通話は、各国が使えるように音波の搬送方式をある程度共通化しています。具体的には、約8kHzの周波数を搬送波*にして会話の音波を乗せています。

軍事用でありながら共通化されているのは、各国の共同訓練で使用したり、緊急時（浮上が困難の場合など）に国を問わずに救助するためです。

---

*搬送波（キャリアー）：情報通信においては、送受信したい情報（信号）を特定の周波数に乗せて通信します。この特定の周波数を搬送波と言い、単なる正弦波です。水中の通信では約8kHzの搬送波を使用します。

なお、次表に示すように、会話を正確に伝えるため、アルファベットや数字は独特の言い方をします。例えば「8時25分」ならば、0825を、「マル、ハチ、フタ、ゴー」と伝えます。

表4-8-1　フォネティックコード

アルファベット				数字	
A	Alfa（アルファ）	N	November（ノーヴェンバー）	1	ヒト
B	Bravo（ブラボー）	O	Oscar（オスカー）	2	フタ
C	Charlie（チャーリー）	P	Papa（パパ）	3	サン
D	Delta（デルタ）	Q	Quebec（ケベック）	4	ヨン
E	Echo（エコー）	R	Romeo（ロメオ）	5	ゴー
F	Foxtrot（フォックストロット）	S	Sierra（シエラ）	6	ロク
G	Golf（ゴルフ）	T	Tango（タンゴ）	7	ナナ
H	Hotel（ホテル）	U	Uniform（ユニフォーム）	8	ハチ
I	India（インディア）	V	Victor（ヴィクター）	9	キュー
J	Juliett（ジュリエット）	W	Whiskey（ウィスキー）	0	マル
K	Kilo（キロ）	X	X-ray（エックスレイ）		
L	Lima（リマ）	Y	Yankee（ヤンキー）		
M	Mike（マイク）	Z	Zulu（ズール）		

国際共通（アルファベット）

日本（アルファベット・数字）

4-9 自動化、システム化

最近の潜水艦は、自動化やシステム化がどんどん取り入れられて進化しています。

潜水艦の自動化、システム化による変貌

戦前や戦中、戦後間もない頃の潜水艦では、ほとんどの装置が機械式であり、「どん亀」と称する乗員によって操作されていました。要するに、人間がバルブまで移動してバルブを開け閉めし、同様にスイッチの場所まで人が動いて入り切りを操作をしていました。

ところが最近は、電子技術やセンサー技術の進歩で、潜水艦の各装置は急速に「自動化」されています。まず、1990年代以後の「おやしお型」で本格的に実現し始め、「そうりゅう型」、「たいげい型」で更に進化しています。

操縦装置、各タンク注排水管理装置（バラストコントロールコンソール）、ディーゼル主機、主蓄電池充電、AIP運転等は自動化が進み、発令所のコンソールからテレビゲーム感覚で操作できるようになりつつあります。指揮官が「エンジン起動」や「潜航」、「浮上」などを発令すると、各パネルに配員された乗員がスイッチ等を操作します。すると、定められたシーケンスに従って各システムが作動し、バルブなどが自動で動いて、発令通りに艦が動いていきます。

これらの自動化、システム化で、艦内には信号線（最近では艦内LAN）が張りめぐらされています。また、自動化の初期には自動化装置毎に個別コンソール、個別計算機が設定されていましたが、「たいげい型」では各コンソールが極力共通化（共通コンソール）され、計算機も共通にするといった進化を遂げています。これにより、操縦・航跡情報、音響探知情報、ESM逆探情報、武器情報、潜望鏡情報（非貫通潜望鏡の情報）などが、どこの共通コンソールからでも切り替えて操作・情報入手できるようになっています。このことは同時に、コンソールの冗長性が確保されていて故障に強い状態だとも言えます。スタンドアローン型から

サーバー型になってきたということでしょうか。

この自動化、システム化で乗員の仕事が減り、省力化が図られています。特に、人間による操作の多かったディーゼルエンジンの区画（機械室）や主推進電動機の区画（電動機室）は、今では無人区画とすることが可能となっています。これにより乗員数を減らすことができれば、艦を小型化できるメリットも大きいと言えます。ただし、自動化装置が故障したときはちょっと大変なことになります（コラム参照）。

図4-9-1　「たいげい」の発令所コンソール

たいげい取材写真

更に「たいげい型」では、艦長室、士官室等の主な操作場所に、プラグイン端末と称する表示装置が設置され、各種情報をリアルタイムで表示できるようになっています。これにより、情報の共有化が進み、艦の発令に対する乗員の理解度を向上させることができます。

図4-9-2 「たいげい」の士官室に備えられた表示装置

たいげい取材写真

故障時の対処

海中で故障が起きても、自動車のようにオンコール（On Call：電話1本）でJAFが来てくれるわけではありません。

水上を航行する船舶は、エンジンと舵さえ動けば、近くの港に入港して修理できます。しかし潜水艦の場合は、水中でトラブルや故障が起きたとき、浮上可能な状況だとしても、浮上すればその姿を暴露することになり任務継続が困難となります。そのため、海中に留まり自分の手で直すことになります。機械系の故障は即座に分解して修理できるよう訓練されていますが、電子回路はそうはいきません。そこで、電子回路は予備基板を用意して、基板毎に交換することが多いようです。

機械部品の場合は、「どこが悪かったのか、その原因は何か」が分解修理の過程で判明することが多く、原因究明後に再発防止策をすぐに立てることができます。

一方、電子回路は「とりあえず基板を交換してしのいだ」感が強く、根本的な原因解明と対策はメーカーに委ねることになります。もっとも、これは現在の自動車修理工場などでもほぼ同じかもしれません。

電子技術やセンサー技術、自動化技術が進歩すればするほど、日頃のオペレーションは楽になりますが、ひとたび故障すれば乗員泣かせになります。

ただし、電子回路が多用されている潜水艦では、20年＋αの寿命期間中にICや半導体が進歩して、旧製品の供給に問題が生じる可能性があります。この場合は、電子回路を刷新して、その機会に機能改善のバックフィット*を行うことがあります（7-2項参照）。

＊**バックフィット**：最新技術に基づく更新改造

4-10 生命維持と生活に必要な設備

次に、多くの乗員の仕事と生活に必要な、様々な設備について説明します。

生活に必要な設備とはどのようなものか

潜水艦とは、乗員にとって「仕事場」であり、「生活の場」でもあります。人が潜水艦のような閉鎖環境下で生活するのは技術的にも大変なことです。長期にわたって生命を維持し、かつ生活するためには、「呼吸できる環境を維持する装置」、「食糧の備蓄と料理できる装置」、「生理的現象である排尿・排便を衛生的に処理できる装置」、「睡眠できる装置」が必要ですし、「体を清潔にするシャワー」や「精神の緊張を解く娯楽」なども、長期間の航海には必要です。

小型化がモットーの潜水艦にとって、これらの装置を取り入れるには、様々な工夫が必要です。

生命維持と空気清浄

潜水艦の艦内では、人間が消費した酸素の補給と呼吸で排出されたCO_2（二酸化炭素）の除去が必要です。

空気には約80％の窒素と約20％の酸素の他に、微量のCO_2やCO（一酸化炭素）などが含まれています。また、ディーゼルエンジンの排気にはNOx、SOx*などの有害ガスが含まれていて、スノーケル航走や水上航走などディーゼルエンジン作動中は海上のきれいな空気で換気しますが、ディーゼルエンジンの排気に含まれる有害物質を完全には除去できていません。更に、艦内での喫煙（現在は艦内喫煙禁止ですが）による有害ガスや微粒子の存在、充電時に鉛電池から発生する水素などもあります。

潜水艦の艦内は、人が酸素を消費してCO_2が排出されるだけではなく、様々な有害ガスや微粒子の坩堝（るつぼ）と言えます。そのため、乗員の生命維持や健康維持のために、空気のコントロールが必要です。

＊ **NOx**：窒素酸化物（Nitrogen Oxides）。**SOx**：硫黄酸化物（Sulfur Oxides）。

図4-10-1　潜水艦用炭酸ガス吸収装置

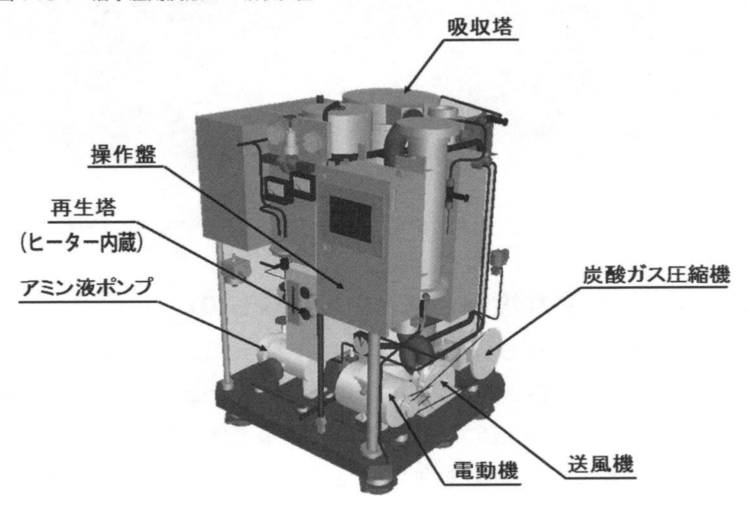

画像提供：川崎重工業株式会社

過去に浮上不能になった潜水艦の事故で、乗員全員が死亡した原因は、酸素不足やCO_2過多、有毒ガスのいずれかまたはこれらの複合要因と言われており、様々な対策がとられています。

まず酸素は、消費量に応じて、搭載している酸素ボンベや簡易な酸素発生器(酸素キャンドル等)で補います。スターリングAIP艦では、液体酸素タンクからの酸素放出も可能です。

次にCO_2は、陸上の空調設備などでは0.1%程度以下に抑えられているようですが、潜水艦のように多くの乗員がいる閉鎖環境では、陸上並みとするのは困難であるため、通常の維持濃度を1%程度としているようです。なお、CO_2が増えると思考能力が低下して意識が朦朧(もうろう)となります。CO_2の除去にはいろいろな方法がありますが、空気を吸引して化学的にCO_2を吸着除去する方法(例えば、固体アミンや液体アミンによる方式)などが使われます。

同様にCOも、濃度が上がると人体には危険です。AIP搭載の最新鋭艦では水中潜航時間が大幅に延伸されるため、触媒方式のCO除去装置を搭載しています。

水素は爆発の危険があるため、鉛電池の電池室は気密構造としています。水素は鉛電池に充電を行うと発生しますが、充電中はディーゼルエンジンが駆動しているので、蓄電池から発生した水素はエンジンルームに吸引し、スノーケル排気マストから排気ガスと一緒に海中に放出します。

NOxやSOxについては、現状では有効な除去手段がないため、ディーゼルエンジンの排気を艦内にできるだけ残さないようにしています。

当然ですが、生命維持に必要な装置は「重要装置」であり、それぞれ冗長性（各機器を二重装備）を有しています。また、各装置は消費電力の低減を目指した設計で、運用も同様です。なお、空気中の各ガス濃度の計測のため、艦内の各所にはセンサーが配置され、常時監視（艦内空気成分監視装置）をしています。

飲料水と食料

飲料水と食料は乗員の生命維持に不可欠です。

潜水艦では飲料水を「真水タンク（FWT）」（4-2項「様々なタンク」参照）に貯水しています。

◆造水装置

もしも行動が長期間になり、真水タンクが空になったとしても、「造水装置」で海水から真水を製造できます。以前の造水装置は、真空下（低圧下）で海水を加熱し、低温沸騰させて真水を得るタイプが主でしたが、性能の良い浸透膜が開発され、深度圧を利用した「逆浸透膜（RO膜：Reverse Osmosis Membrane）方式」が主流になっています。

そのため、造水装置の雑音は減ったもののゼロではなく、給水ポンプなどの関連機器からも雑音が出るし、電力も消費するので、できれば使いたくない——というのが本音です。

実際、潜水艦の乗員は驚くほど少量の真水しか使いません（というより使用を制限されています）。それでも真水がなくなったら、主としてスノーケル航走のときに造水装置を作動させるなど、運用上の工夫をします。やはり、いざというときのために水は大切なのです。

◆食料と調理

狭い艦内で長期の行動を強いられる乗員にとって、食事は最大の楽しみです。

食料は、「乗員数×行動日数×４食／日分」が必要なので、相当な量になります。

ここで、４食とは「朝食」、「昼食」、「中間食」、「夕食」で、24時間連続で行動しているので、およそ6時間毎に食事が用意されます。といっても、この４食全部を食べる乗員は少なく、概ね３食を当直に合わせて食べることが多いようです。

これらの食糧は、「倉庫」や「冷蔵庫」、「冷凍庫」に分けて収納されます。冷蔵庫や冷凍庫は消費電力を抑えるため、一般の冷蔵庫より入念な防熱処理が施され、外部からの入熱を防いでいます。

倉庫は狭い艦内のちょっとした空間を利用しています。例えば、食堂に置かれた長椅子の中が食料入れで、タマネギやニンジン、ジャガイモなどが収納されています。

調理器具は、火災リスクの低減と酸素消費の抑制のため、火を使いません。最近はIHヒーターも使われますが、以前は電気ヒーターが熱源であり、電源が蓄電池の直流電源なので特注品の直流ヒーターが使われていました。最近では、インバーターのおかげで市販の交流調理器も使われています。

図4-10-2　食堂の椅子は固定された長椅子

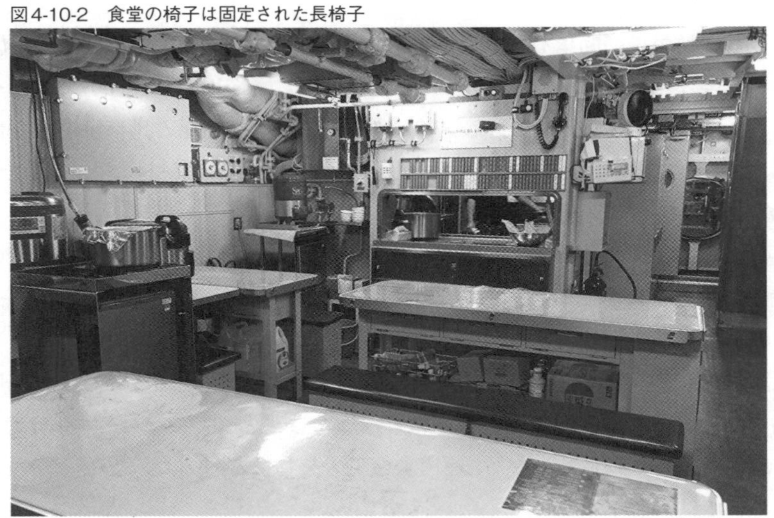

たいげい取材写真

図4-10-3　食堂に置かれた長椅子の中には野菜を貯蔵

写真提供：海上自衛隊

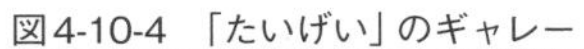

図4-10-4　「たいげい」のギャレー

たいげい取材写真

残飯や汚水の処理

図4-10-5　艦外排出筒の使用手順

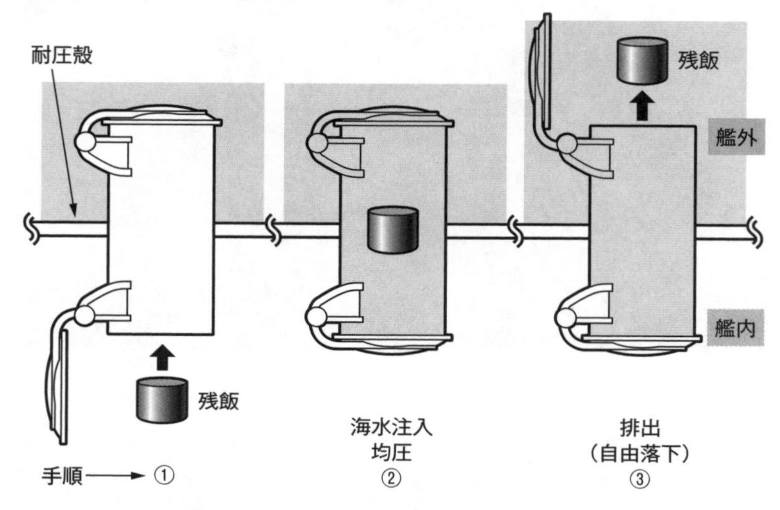

調理や食事をすれば、当然ですが残飯が出ます。ところが、狭い艦内には残飯を保管する余裕がなく、そもそも衛生上も問題です。

そこで、この残飯をサニタリータンクに溜めて一時保管後に排出する以外に、艦外に直接排出する艦外排出筒が装備されています。艦外排出筒では、サニタリータンクに入れにくい固形のゴミや残飯等を、容器等（ブリキ缶、布袋）に入れて艦内から耐圧殻を貫通して艦外に排出します。艦外排出筒の艦内側と艦外側に、それぞれ耐圧型の「扉（ハッチ）」があり、外を閉めて内を開き、容器を筒に入れます。次に、外を閉じたまま内を閉じ、筒内に海水を入れて外圧と均圧にします。後は、内を閉じたまま外を開き、容器を艦外に自由落下させて排出します。

また、人間だれしも小便と大便を排泄します。この処理も必要です。潜水艦は「サニタリータンク」を備えていて、一時的に保管します。ある程度の量が溜まったら艦外に排出します。排出には高圧空気または排水ポンプを用います。

高圧空気でブローすれば短時間で済みますが、サニタリータンク内の圧力を開放しないとトイレが使えないので（サニタリータンクに残圧があれば大便が吹き上がってくる）、艦内にサニタリー臭気が漏れてしまいます。そのため、時間をかけて徐々に行うポンプ排水が好まれるようです。

なお、高圧空気によるサニタリーブローでは比較的大きな音が出ます。そのため、隠密行動中は行いません。スノーケル航走など比較的雑音が発生するとき、同時に処理してしまうやり方が賢明です。

生活設備、住環境設備

◆ベッド

図4-10-6 整然と並んだ3段ベッド、ベッドの下部が私物入れ

たいげい取材写真

潜水艦の乗員にとって唯一のプライベート空間がベッドスペースです。ただし、省スペース化のために「ホットベッド」と言って、当直（個人個人の業務パターン）が重ならない複数の乗員が1つのベッドを共有するシステムが、多くの国で採用されています。まさに、寝ていた人の体温でベッドにまだ温もり（ホット）があるうち、に次の人が寝るわけです。これは、個人のプライベートにかなりの犠牲が伴うシステムだと言わざるを得ません。

日本では、このホットベッドは採用されていません。その理由は、行動中は3当直体制が多く、この場合は3人のうち2人が非番なので、3人で2台のベッドを使

うことになってスペース削減効果が限定的であること、そして日本人としてのアイデンティティが背景にあるようです。

いずれにしても、約70人分のベッドを狭い潜水艦の中に確保するのは設計上容易ではありません。

乗員のベッドスペースは、艦尾のエンジンなどの機械スペースを避けて、艦中央から艦首に配置します。ただし、ビジネスホテルのように廊下があって部屋のドアがあるわけではなく、機能性を重視して配置された装備品に囲まれた空きスペースに、可能な限りベッド（多くは3段ベッド）を配置しただけです。そのため、各ベッドはプライバシー保護用のカーテンで仕切られている程度です。

各ベッドには、ベッド台をうまく利用した「私物（着替えなど）収納棚」やスポット照明、空調の吹き出し口（旅客機の座席上の照明と吹き出し口のイメージ）程度です。

ベッドは多段ベッドで、上下のベッド台の間隔は数十cmしかないので、目が覚めて飛び起きるのはご法度です。上のベッドに頭をぶつけて怪我をします。

このように潜水艦では、小型化（省スペース）のため、個人の生活空間をかなり犠牲にしています。一般の乗員に比べて士官や艦長のスペースは多少広めですが、それでも水上艦や陸上の生活と比べれば、全く粗末なものです。

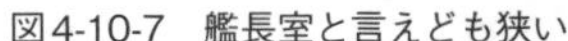

図4-10-7　艦長室と言えども狭い

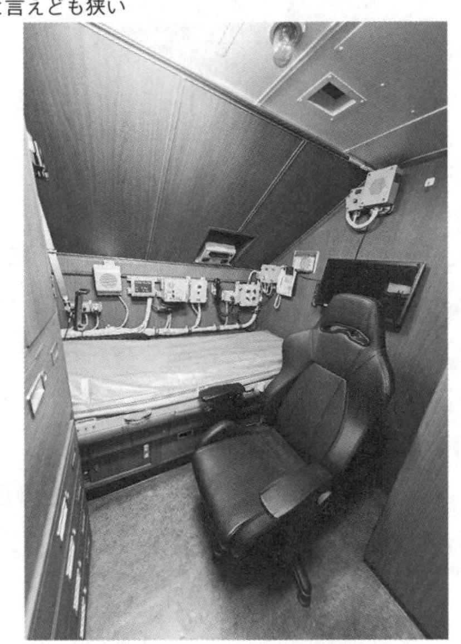

たいげい取材写真

◆トイレ

潜水艦のトイレは、大小兼用の西洋式トイレです。ただし非常に狭く、足の長い乗員は便座に腰かけると足がドアに当たってしまいます。また、皆さんも使っている洗浄便座、いわゆる「ウォシュレット」は、今日ではすべての日本潜水艦のすべてのトイレに備えられています。これにより痔持ちの乗員も減るでしょうし、消費して海水中に投棄する紙の量を減らすこともできます。

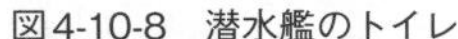

図4-10-8　潜水艦のトイレ

たいげい取材写真

◆シャワー

潜水艦の風呂に関しては、皆さんの想像と大きく異なるかもしれません。実は、潜水艦には湯船（バスタブ）がありません。シャワーだけです。

また、脱衣場などのスペースも用意されていないので、自分のベッドで裸になり、バスタオル1枚でシャワー室に行ってシャワーを浴びます。そして、またバスタオル1枚で自分のベッドに戻って服を着るという感じです。これから女性乗員が増えてくれば、この習慣も変わるかもしれません。

また、任務行動中は真水の使用制限や雑音規制を受けて、シャワーの使用にも制限がかかります。このため、少量の水で洗浄や消臭が効率良くできるシャワー装置が求められますが、これも調理器具と同様、現在までのところ潜水艦用シャワーの開発は行われていません。

図4-10-9　シャワー室

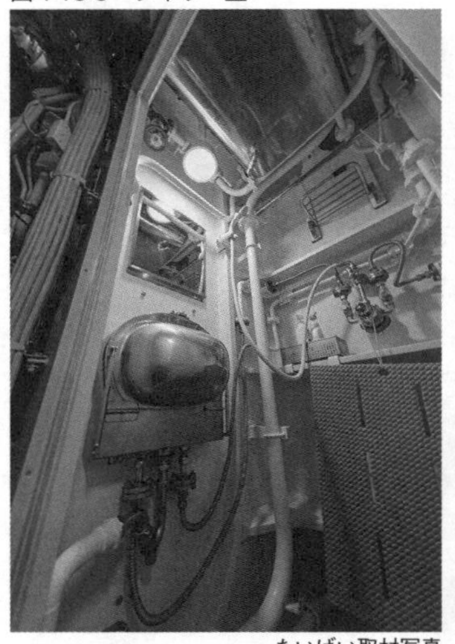

たいげい取材写真

図4-10-10　洗面スペース

たいげい取材写真

◆女性用設備

2018年に海上自衛隊で性別制限が撤廃され、女性にも潜水艦乗員としての道が開かれました。雇用機会均等法や潜水艦の増艦に伴う乗員増に対応した処置だと思われます。ただし、潜水艦の場合は長期間の行動中に狭い艦内での勤務・生活を強いられるにもかかわらず、ベッド、トイレ、シャワー等の生活に必要な設備は極めて限定的で、必要最小限しかありません。その潜水艦で女性が勤務するためには、やはり女性用の配慮が必要であり、設備面での女性対応が順次進んでいます。

2020年、練習潜水艦みちしおに従来設備を改造して女性用設備を設け、士官1名、乗員5名の女性自衛官6名が乗艦実習を開始しました。彼女達はその後、2022年3月に就役した最新鋭潜水艦たいげい（たいげい型から建造仕様書で女性設備を設定）に、正規の潜水艦乗員（ドルフィン）として乗艦している模様です。

以下、たいげいの女性用設備を紹介します。

ベッド：

一般乗員用3段ベッド2組を女性用として、その入り口にドアと鍵を設置しました。ただし、女性用士官寝室がないため、このベッドに女性士官も入ります。軍事組織で士官と一般乗員が同部屋で抵抗がないかの心配があります。なお、士官寝室は大部屋になっているため、現状、女性用士官ベッドの配置は困難だと思われます。

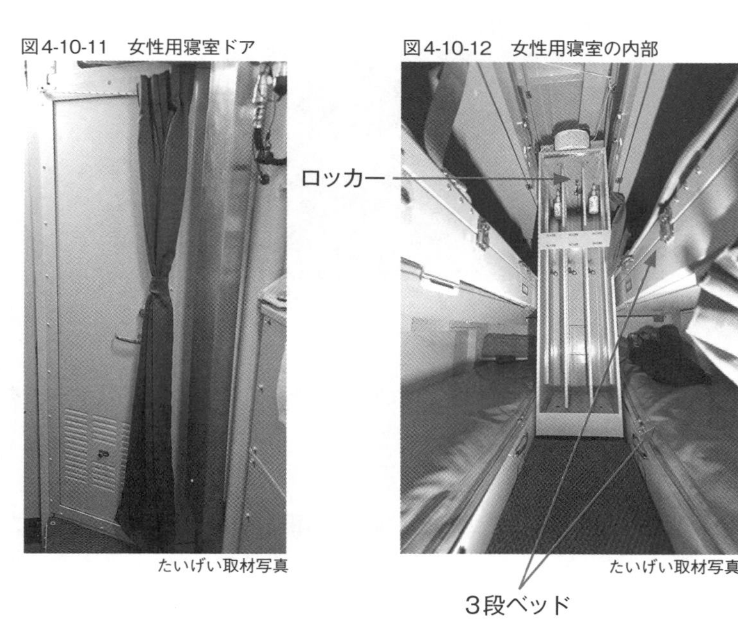

図4-10-11　女性用寝室ドア

たいげい取材写真

図4-10-12　女性用寝室の内部

たいげい取材写真

シャワー：

従来のシャワー室は脱衣場がなくアコーディオンカーテンのみでしたが、そのうちの1か所にドアおよび脱衣場付きのシャワー室を新設しました。

これまでは男性のみで、ベッド付近でバスタオルを腰に巻いてシャワー室に入っていましたが、今後、女性の存在でこの習慣にも変化があるかもしれません。

洗面器は女性用としての変更はないようです。共用で洗面器を使用します。

図4-10-3　女性も利用できるようにシャワー室にドアを設置

たいげい取材写真

トイレ：

トイレにはもともとドアと鍵がついていましたが、ドアの上下のすき間を埋めるように、ドアを若干大型化しました。

女性乗員の増加に伴って、たいげい型の女性用設備は今後も少しずつ改善されていき、おやしお型、そうりゅう型についても改造がなされていくものと思われます。

◆気温、湿度、臭い（住環境）

潜水艦の艦内環境維持のため、冷房、通風、O_2放出、CO_2除去などを行っています。気温はFCU（Fan Coil Unit）で管理され、20度前後の温度（乗員が設定）が維持され、艦内各所にその吹き出し口が設けられています。風量調整も可能で、各ベッドでは個々の乗員の好みに応じて風量調整ができます。そのような艦内は空調管理された住みやすい環境だと思われがちですが、露滴とそれに伴うカビ、および臭いの課題があります。

まず、露滴とそれに伴うカビの問題です。艦内の湿度が上がると電子機器の絶縁低下が心配されるので、冷房で除湿をしています。適温で湿度が比較的低い艦内ですが、潜水艦は潜航すると周りの海水温度は5℃前後の低温です。潜水艦全体が冷蔵庫の中に入った状態で、寒い日の朝の窓ガラスの露滴と同じ状態になります。そのため、耐圧殻外面や海水が通る配管は低温になり、結果として耐圧殻内面や海水管表面に露滴が発生します。暖かい艦内の露滴はカビの発生を促進します。重要機器に水滴がポタポタ落ちるようなところは、ラギングと称する防熱材等を巻き付けていますが、それもすべてとはいかず、乗員の生活空間にはカビが発生しやすくなります。

次に臭いですが、潜水艦の艦内は独特の臭いがします。もともと外気との流通が悪く、係留時でも開けたハッチを通じての空気の入れ替え程度で、出港してしまえばスノーケル給気筒からしか外気が入ってこないので、臭いなどがこもるのでしょう。

建造直後の潜水艦は、塗料や接着剤など揮発性の臭いに溶接ヒューム*の臭いが加わったような臭いがします。

そして、潜水艦として運用が始まると、ディーゼルエンジンの排気ガスがわずかに入ってきて、排気ガスの臭い、補機類のオイルミストの臭い、艦底にわずかに溜まった海水に油が溶けたいわゆるドレンの臭い、食料や料理の臭い、人間の体臭……など、まさにブレンド臭です。新型艦では艦内の臭いはさほど気になりませんが、古い艦ではいろいろな臭いが蓄積して艦内臭が強くなってくるようです。

ただし、乗員に染み付く体臭や衣服の臭い（付着臭）は、艦内の臭いとは必ずしも一致せず、乗員の勤務日数が長期航海などで長くなるほどに強くなるようです。これらの付着臭は、「体臭、汗やその発酵に起因する脂肪酸類（酪酸、吉草酸（きっそうさん）等）」、「食物やその発酵に起因する硫黄化合物（硫化エチル等）」、「カビ等に由来する中鎖（ちゅうさ）アルデヒド類、中鎖脂肪酸」など、要するに皮膚や衣類に付着しやすい「ブレンド臭」が支配していると推定されます。それらは、人間が臭いと感じる閾値（しきいち）が非常に低く（酪酸：0.00019ppm、硫化エチル：0.000033ppm等）、わずかな微粒子の臭い成分も肌や衣服に付着してしまうとそれがとれない限り臭ってし

＊**溶接ヒューム**：溶接で発生した金属蒸気の微粒子。独特の臭いがする。

まう、ということです（参考：（一社）日本環境衛生センター 所報No.17、1990年）。インフルエンザやコロナ対策よりも困難かもしれません。

この付着臭の除去には、次の対策が考えられます。

---

①臭い成分の艦内除去：活性炭フィルター＋空気清浄機（電力増が課題）、
ベッド周りカビの除去（ラギング等：工事費増が課題）
②乗員のシャワー回数増（水不足、造水装置のための電力が課題）
③下艦時の入浴＋衣服の洗濯（自宅に帰る前に面倒な作業が発生）

いずれにしても、すぐに対策の徹底を図ることは困難と思われるため、上記を組み合わせて徐々に改善していくことになるでしょう。

長期の航海が終わり自宅に帰った潜水艦乗りの憂欝な悩みは、自分の体と着古した衣類に染み付いた潜水艦臭（付着臭）が、家族に必ずしも好まれないことです。この臭いの問題は上述の通りはなかなか解決困難ですが、今後、女性乗員が増えるに従って重要な課題になってくる可能性があります。

4-11 その他潜水艦ならではの技術 ～海水との闘い、圧力との闘い、絶縁との闘い、衝撃力との闘い～

平時でも、潜水艦は様々なものと闘っています。その多くは自然です。例えば、「海水との闘い」、「圧力との闘い」、「絶縁との闘い」などです。また、艦船であるがゆえに「衝撃力との闘い」もあります。ここでは、これらの闘いについて技術的な説明をしておきましょう。

塗装と防食

潜水艦の腐食は、主に「一般腐食（General Corrosion）」と「電食（Galvanic Corrosion）」に分けられます。

一般腐食とは、鉄などの表面が酸化する現象で、いわゆる錆（さび）です。潜水艦も水上船舶とほぼ同じで、塗装で錆を防ぎます。特に、耐圧殻の外面は絶えず海水に触れているので、防食効果の特別に高い塗装を入念に行います。

一方、電食とは潜水艦を悩ませる腐食です。ご存知の人も多いと思いますが、海水の中にアルミニウムと鉄板を置くと、アルミニウムがボロボロになります。同様に鉄板とチタン板を置くと、鉄板がボロボロになります。これは、金属材料毎に持っている電位の影響です。

海水は電気が流れやすく、電位の差がある金属を置くと、電位の高い金属と低い金属の間で海水と金属を経由した電気回路ができます。

上述の最初の例では、アルミニウムが「陽極」、鉄が「陰極」で、アルミニウムがイオン化して腐食したようにボロボロになります。2つ目の例では、鉄が「陽極」、チタンが「陰極」で、鉄板がボロボロになります。これを電食と言います。

潜水艦は“材料のデパート”と言われ、材料特性を活かして、鉄やチタン、アルミニウム、アルミ青銅、銅合金などが使われています。材料は塗装によって基本的には絶縁されたことになっています。しかしながら、塗装の塗膜はミクロ単位で見ると穴だらけです。実は、塗装時に使う有機溶剤が乾燥の過程で揮発するときに、揮発の経路が穴となって残るのです。そのため、このミクロの穴が絶縁不良を起こして、電食が発生します。

塗膜は健全でも、塗膜下の材料が電食にやられてしまうこともあります。こまめにチェックして塗装しますが、電食対策として「犠牲陽極」を配置するのが有効な対策です。犠牲陽極としては、亜鉛が最もポピュラーです。それは、亜鉛が潜水艦で使うどの材料よりも陽極になるからです。この亜鉛を、どこに、どのぐらいの密度で配置すればよいかは、理論式もありますが、実際のところ経験的に決めています。

なお、外面の塗装に関しては、一般の水上船舶では奇抜な色やデザインで特色のある目立つ塗装をしています。一方、艦艇の場合（潜水艦は水上航走で海上に姿を現す部分）は、水上艦は「灰色」、潜水艦は「黒色」が圧倒的に多いようです。艦艇は目立つ必要がなく、むしろ海の中で目視ステルス性*を重視した塗装とします。日本の潜水艦は伝統的に海中での目視ステルス性のために黒色としていますが、諸外国では迷彩柄や深いグリーンの潜水艦もあったようです。

今後の技術革新により塗装が防食や目視ステルス性だけでなく、電波吸収や水中音波吸収といったステルス機能も有するようになれば、画期的なことです。

高圧シール技術

潜水艦には、機器や配管、バルブなどの接続部分がいたるところにあり、それらに対して高圧下での漏洩を防止する技術の適用が必要です。「漏洩防止技術（シール技術）」は、一般的に液体（海水や水）よりも気体（空気、酸素など）の方が困難です。それは、液体と気体では分子間の結合に違いがあるからです。

特殊なメカニカルシールを除けば、一般的な漏洩防止技術には、「シートパッキン方式」と「Oリング方式」があります。一般に、気体や高圧液体ではOリング方式が多用されます。

シートパッキン方式では、接続部のフランジ面全面に漏洩防止シートを挿入し、両方のフランジをボルトで締め付けてシールします。シートパッキンの材料は、ゴム（ゴムパッキン）が代表的ですが、潜水艦のように高圧でフランジ面が広くとれない箇所には、「ジョイントシート」と呼ばれるものが多用されています。

---

* **ステルス性**：探知されにくくする（見つけられにくくする）軍事技術の総称。

このジョイントシートには、ガラス繊維や膨張黒鉛が含まれています。昔はガラス繊維の代わりにアスベスト（石綿）が使われていましたが、現在は日本では使用（生産も）されていません。シートパッキンでは、平面精度を確保したフランジ面と、適正に管理されたボルト締め付け力（適正なジョイントシートへの面圧）によりシールが確保できます。

一方、Oリング方式では、片側のフランジ面に機械加工された凹状の溝に、ゴム製のリングをはめ込んで使います。溝から少しはみ出したOリングが、相手のフランジ面につぶされることでシールをします。高圧シールに向いていますが、フランジ面の平面精度やOリング溝の精度が必要です。また、フランジのボルトを締め付けるときに髪の毛1本でもOリングに噛み込んでしまうと、シールができません。

スターリングエンジンには、酸素を極低温の液体（約－180℃）として保存しています。この系統では漏れを防止するため、シール部を設けない「シールレス（溶接結合）」を極力採用していますが、どうしても必要な接続部のシール箇所には、低温でも機能する「メタルタッチシール」や「メタル中空Oリング」を採用しています。

また、スターリングエンジンの作動ガスには「ヘリウム」が使われます。ヘリウムは水素に次いで原子量が小さく、漏れやすい気体です。このため、Oリングシールが使われていますが、完全なシールは難しく、絶えず少しずつ漏れています。

将来的に燃料電池の潜水艦が実現した場合は、水素の貯蔵が必要になります。水素は、ヘリウムより更に漏れやすくて、危険な気体なので、圧力にもよりますが、Oリングシールでは限界があります。水素のシール技術が課題の1つです。

一方、ポンプの軸回転部や油圧シリンダーなどの摺動部の漏洩防止には、通常は「リップパッキン」の一種である「Vパッキン」や「グランドパッキン」が使われます。

なお、これらのシール技術は陸上でも広く使われており、潜水艦だけの独特の技術ではありません。ただし潜水艦では、海中や閉鎖環境で漏れた場合の影響の大きさを考慮して、それぞれのシール箇所の機械加工精度や締め付け力の管理が徹底され、定期的なメンテナンスで継続的な漏洩防止が図られています。

図4-11-1　シートパッキン方式

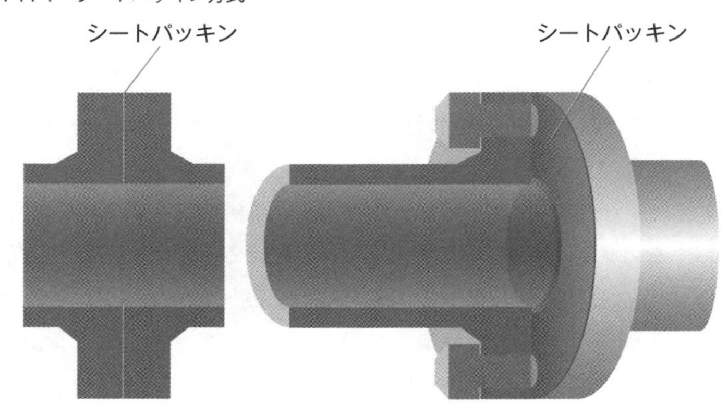

図4-11-2　Oリング

図4-11-3　Oリング方式

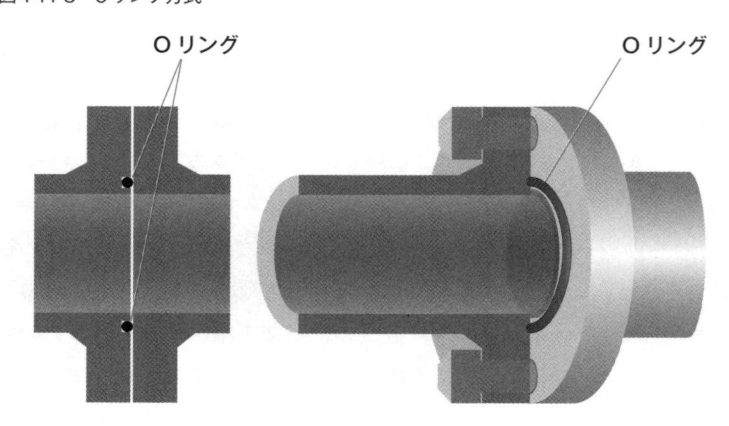

◆耐圧殻貫通部の漏洩防止技術

図4-11-4　脱出筒のリップパッキン

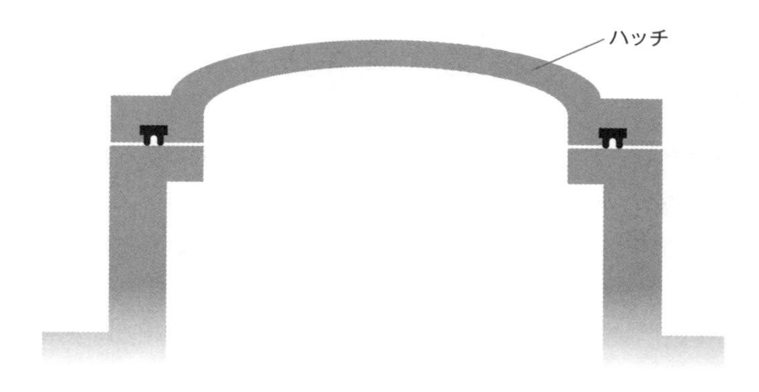

図4-11-5　プロペラ軸の軸封装置

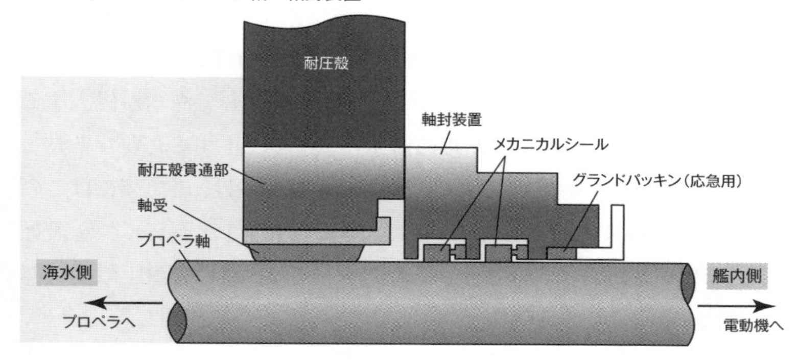

実は、潜水艦の耐圧殻には多くの貫通部が存在していて、穴だらけと言えます。発射管や脱出筒、昇降筒、艦外排出筒、潜望鏡（光学式）、舵駆動用油圧シリンダー、ディーゼルエンジン給気管・排気管、プロペラ軸、諸管、電線などです。これらの貫通部の全部について、高圧下での海水の侵入を防止する必要があります。

発射管や脱出筒、昇降筒、艦外排出筒は、耐圧殻に溶接された筒構造になっていて、筒の艦外側と艦内側にそれぞれハッチがあり、そのハッチからの海水侵入をリップパッキンでシールしています。特に脱出筒や昇降筒は、停泊中は常に人間や物が出入りするため、保護カバーをつけて、不用意に接触したりゴミが付着しないよう管理するだけでなく、開閉するたびに異常がないかチェックしています。

潜望鏡や舵駆動用油圧シリンダーは、往復動のある摺動部をシールする必要があります。この場合は、リップパッキンの一種であるVパッキンやグランドパッキンが使われます。

「主推進電動機で駆動されるプロペラ軸が、耐圧殻を貫通する箇所」のシールは特殊です。「軸封装置」と言って、メカニカルシール方式が採用されています。バックアップとしてグランドパッキンも使われます。厄介なのは、「潜航する深度によって、軸を通じて耐圧殻内に侵入する海水の圧力が変化すること」および、「潜航深度によって耐圧殻が変形すること」です。そのため、海水の侵入を完全に防ぐことはできず、艦内に少しずつ侵入した海水は専用ポンプで排水します。

諸管（空気管、海水管等、そしてディーゼルエンジン給排気管も基本的に同じ）の耐圧殻貫通部は、艦外側の配管と艦内側の配管をそれぞれ耐圧殻貫通部に接続しています。この場合は、「艦外側の配管が損傷し、管を通して海水が侵入すること、および「耐圧殻貫通部の接続部からの海水侵入」を防止する必要があります。前者については艦内側の耐圧殻のすぐ近くにバルブを設け、緊急時にはこのバルブを閉めて海水の侵入を防止します。更に、艦内にもう1か所バルブを設けて（中間弁）、二重にする場合もあります。後者については、配管の耐圧殻接合部を、通常はシートパッキンでシールします。ここにOリングを使用した場合は、開放してシール面を点検したら必ずOリングを交換する必要があり、海中では開放したとたんに海水がどっと侵入するため、この方法は不可能です。これに対して、通常使われているシートパッキンの場合は、増し締めすることが可能であり、漏水を完全には止められないまでもかなり少なくできるので、応急処置ができます。

図4-11-6　諸管の耐圧殻貫通部

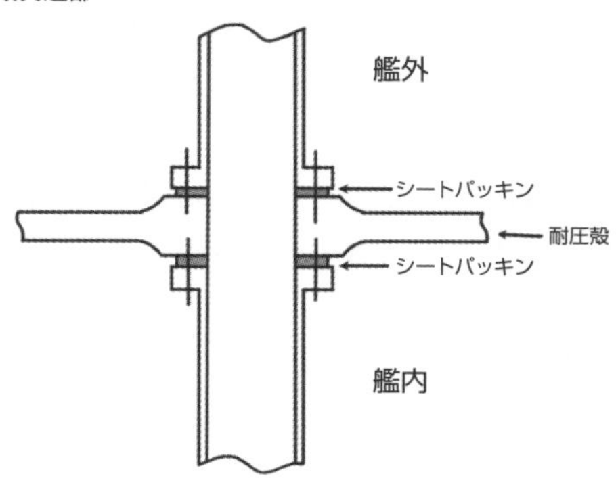

図4-11-7　諸管貫通部のバルブを艦内から見た写真

たいげい取材写真

電線の耐圧殻貫通部は、「電線をそのまま艦内に通して、貫通部のすき間を耐圧型のゴムで『一体成型』してシールする方法」（グランド方式）および「艦外側と艦内側の電線を、耐圧殻貫通部のコネクタに接続する方法」（コネクタ方式）があります。

かつてグランド方式しかありませんでしたが、コネクタ技術の進歩によりコネクタ方式が増加してきています。特に、多芯線で貫通穴が大きくなる場合は、コネクタ方式を採用するようにしています。

グランド方式では、艦外の電線が切断された場合に、電線を通って海水が艦内に浸水するのを防止するため、艦外に配線する電線は「水密電線」(破断しても電線内を伝わって侵入する水を最小限にする特殊充填剤を使った電線) など、水密性のある電線を使います。

一方、コネクタ方式では、導体接続部の絶縁および海水の侵入防止のために「ガラスハーメティック方式」が用いられています。この方式では、耐圧殻貫通部のコネクタ中のガラス材料で固められたところにピンが貫通しており、そのピンに艦外側と艦内側から電線付きピンが接続されます。そのため、艦外電線に水密電線を使用する必要はなく、「キャブタイヤケーブル」や「同軸ケーブル」など多様な電線が使用できます。

図4-11-8　グランド方式、コネクタ方式の比較模式図

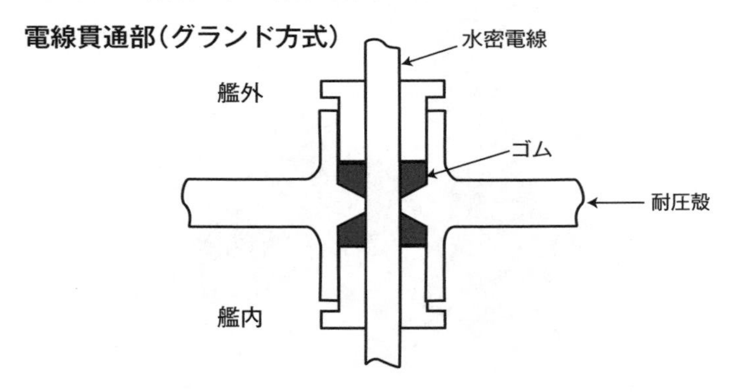

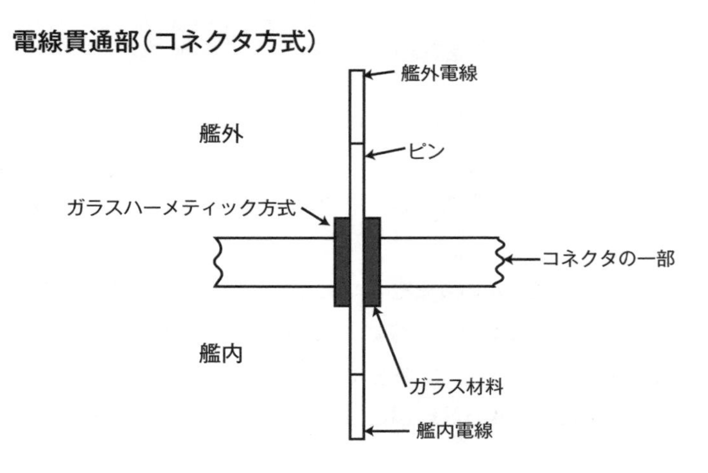

耐衝撃性の確保

潜水艦は戦闘艦でもあるため、攻撃されたときに受ける衝撃に耐えなければなりません。例えば、潜水艦にとって最重要構造である耐圧殻の材料は、高い強度だけでなく高い「靭性（じんせい）」（材料の粘り強さ）が求められます。ガラスのような、衝撃が加わるとバラバラに割れてしまう材料では困ります。更に、その溶接部に衝撃が加わったときの応力集中によりクラックが発生しないよう、溶接ビードの形状をきれいに整形するような配慮もします。

また、6-1項で説明する「冗長性」は、海中の過酷でリスクの多い環境において安全性を確保するための考え方ですが、衝撃（攻撃）を受けて重要な機器が機能しなくなった場合でも、それをバックアップする機器があれば、耐衝撃性の確保にも繋がります。

一方、それぞれの構成部品やコンポーネント、モジュールの耐衝撃性は、機械部品であれば衝撃に強い設計にすること、衝撃を直接受けないようにゴムやバネで保持することで強化できます（どれだけの衝撃に耐えるようにするかは、要求性能次第です）。

電子機器の場合は、ICや半導体レベルまで耐衝撃性を確保することは困難なので、電子機器毎に、その機器や構成部品に衝撃を伝えないように工夫するしかありません。パソコンを「床に落としても大丈夫」な設計にすることが極めて難しいのと同じです。

たいげい型で採用され始めた浮甲板は、この電子機器の耐衝撃性を確保する手段としても機能します。半導体や電子部品は民生品の分野でどんどん進化していきますが、それを潜水艦でも使用する場合（スピンオン）、個別に耐衝撃性を確保するのは困難なので、「設置されている甲板をゴムなどの弾性体で耐圧殻から切り離す」ことにより耐衝撃性を確保するやり方です。

またこの浮甲板は、甲板上の機器振動の伝搬防止と甲板上電子機器への振動伝搬防止の両方にも役立ちます。

ただし、浮甲板を採用した場合は、潜航時の耐圧殻の収縮や艦動揺時の甲板の揺れに対して、浮甲板そのものや機器に繋がる配管・配線がそれらを吸収するような艤装が必要です。具体的には、ゴム系の材料でこれらも支持する必要があります（浮甲板の弾性支持、配管の防振管継手等）。

これにより、民生用のICや半導体、電子部品の潜水艦へのCOTS（Commercial Off-The-Shelf、3-2項参照）化が進み、最新の民生技術の採用と低価格化が進むものと期待されています。

図4-11-9　浮甲板の構造

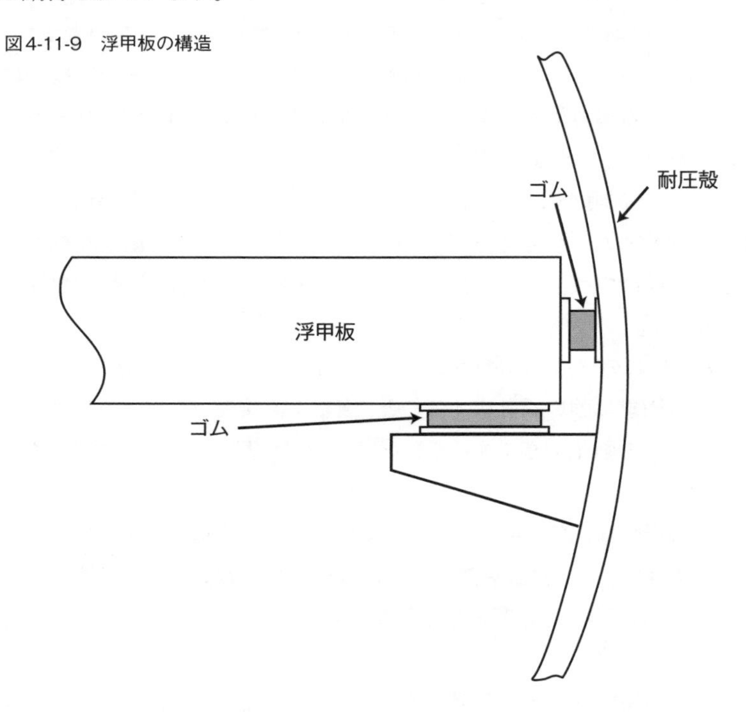

Chapter 5

「海の忍者」を支える技術
～身を隠して相手を捕捉する技術～

5-1 探知技術・被探知防止技術 ～海の中の壮絶な鬼ごっこ～

海中で隠密に行動する潜水艦は、「どこにいて、何をするのか（しているのか）わからない」わけですから、相手にとってこれほど恐ろしく大きな脅威となる存在はありません。だからこそ、相手側は必死になって探索し（探知技術）、潜水艦側は必死に隠れます（被探知防止技術：探知されない技術）。

これらの技術の進歩は、まさにイタチごっこと言えます。これらの技術のうち、一方の主役は雑音低減技術です。

ソーナー ～探知技術の主役～

海上、陸上、空中（宇宙空間も）では、情報の伝搬・受信手段として、主に電波（電磁波）が使われます。一方、海中（水中）では、電波の減衰が大きいのでほとんど使えません。

そのため、海中ではもっぱら音波が使われます。音波の周波数範囲は電波よりかなり低く、数Hz～数百kHzです。この狭い周波数領域で、潜水艦になくてはならない音響機器が活躍しています。

探知技術の主役は、音響機器である「ソーナー」（SONAR：Sound Navigation and Ranging）です。このソーナーには、「パッシブソーナー」と「アクティブソーナー」の2つがあります。

潜水艦ではこの探知性能確保のために静粛性が極めて重要です。これは隠密性（被探知防止）だけでなく、自身のソーナーが能力を発揮するためには自身が静かでなければならないからです（S／N比確保：S = Signal、N = Noise）。

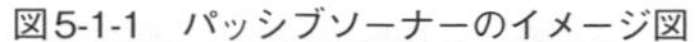 パッシブソーナー：暗闇で聞き耳を立てる技術

図5-1-1　パッシブソーナーのイメージ図

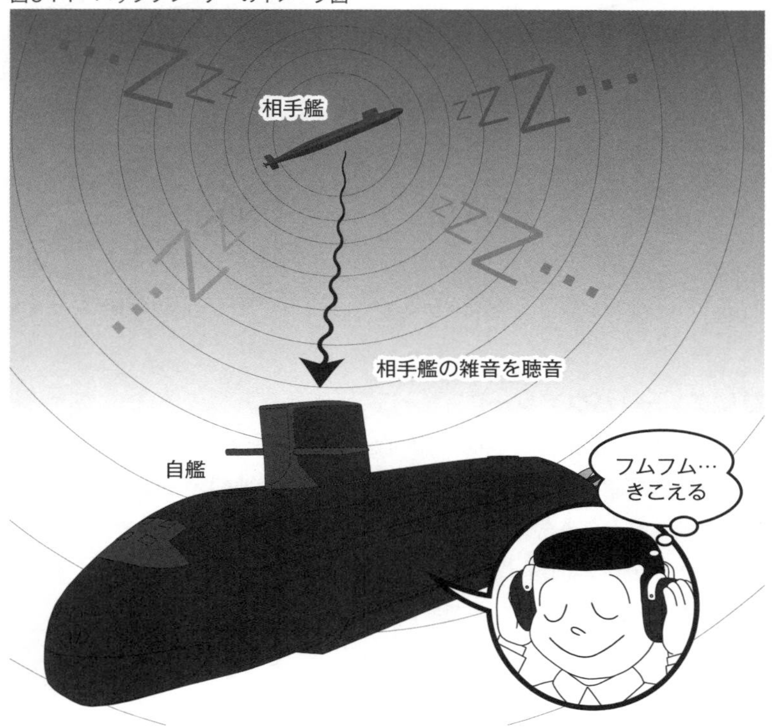

潜水艦は海中では“光学的な盲目”(目隠し状態）ですから、人間の耳に相当するパッシブソーナー（聴音器）は非常に重要な機器であり、各国はその開発にしのぎを削っています。

パッシブソーナーでは、相手艦の雑音を「受波器」(水中でのマイクロホン）が機械的な振動として受け、これを信号処理して、音源の種類や周波数、音源の方向、音源までの距離、音源の移動方向・速度などを算出し、画面等に表示します。

ここでは、現在の潜水艦で使われている代表的なパッシブソーナーについて解説します。

図5-1-2　艦首型アレー、側面型アレー、曳航型アレーのイメージ図

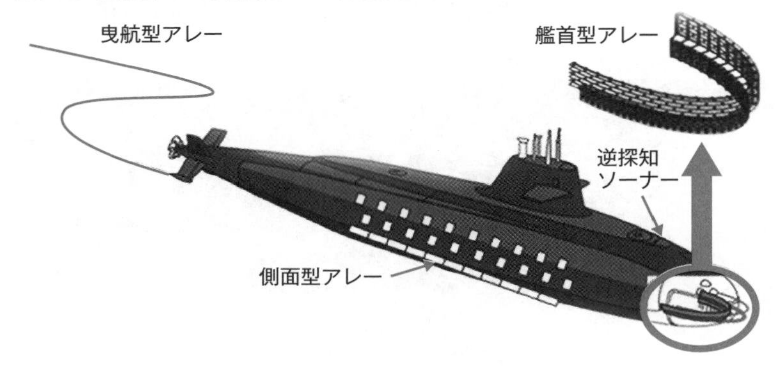

出典：海上自衛隊

◆艦首型アレー（バウアレー）

艦首部に配置し、前方および前方側面を対象にしたパッシブソーナーです。受波器を艦首部に配置するのは、プロペラやエンジン、補機類（雑音源）が多く配置されている艦尾部よりも静粛で、S／N比が確保しやすいからです。ただし、艦首部は海中をかき分けて前進する部分であるため、流体雑音（フローノイズ）の影響を受けやすく、この対策が必要です。

例えば、金属製（鉄板）の外板に代えてゴム製のものを使用し、その中に受波器を収納することで、雑音低減を図っています（コラム「ソーナードーム」参照）。

また、多数の受波器を配置しているのは、複数の受波器から入る受信音波の位相差から、音源の方位を特定するためです。

◆側面型アレー（フランクアレー）

潜水艦の前方だけでなく、上方や下方、側面、後方とあらゆる方向の音を正確に拾うためのソーナーです。潜水艦の側面に多数の受波器を面状に配列して、受波音源の精度を高めます。広い範囲に多数の受波器が配置されているため、低周波数帯の音源探知にも優れています。なお、この側面型アレーの背面は耐圧殻であり、側面型アレーが採用された「おやしお型」からは、耐圧殻のこの範囲だけ複殻から単殻へと変更しています。これは、受波器の背面材は海水の密度と極端に異なる材料（この場合は耐圧殻内の空気層）の方が、受波感度が良くなるからで

す。更に、船体からの振動が伝搬しないような配慮（例えば、アレーの背面に振動・雑音機器や配管を配置しないなど）が必要であり、表面を流れるフローノイズの影響を避けるためのカバーも欠かせません。

◆曳航型アレー（STASS：Submarine Towed Array Sonar System）

艦尾からケーブルを出して曳航（えいこう）するソーナーです。ケーブルには多数の受波器が設置されており、このケーブルが艦内に導設されています。

このソーナーは、自艦から離れることにより自艦の雑音の影響を極小化できます。ただし、音源方位の特定が困難なため、潜水艦を旋回させてケーブルの角度を変化させるといった運用上の工夫も必要です。

パッシブソーナーで拾った雑音には信号処理が行われます。信号処理では、時系列で得られたアナログ信号をデジタル処理して「周波数分析（フーリエ変換）」を行い、音源の周波数特性から音源の特定もします。

例えば、商船や艦艇（水上艦、潜水艦）の種別はおろか、特に潜水艦であれば、それぞれの艦の周波数特性がデータベース（いわゆる「音紋」）化されており、これと照らし合わせて、どの国のどのタイプであるかまで判別します。

通常は、自分も相手も動いているので、音源の周波数にドップラーシフト（コラム「ドップラーシフト」参照）が起こりますが、これも補正して、その音源がどのような動きをしているかの把握も行います。

潜水艦には必ず「ソーナーマン」がいて、潜航中は常時、パッシブソーナーの監視をしています。ソーナーマンの育成においては、聴覚や音感の優れた人を選抜し、徹底した訓練をしています。

その結果、ソーナーマンはパッシブソーナーの音をヘッドホンで聴くだけで音源を特定できると言われています。艦長や当直指揮官は、モニターに映し出されたソーナー情報にソーナーマンの助言を加味して、行動を決めます。

フーリエ変換、フーリエ級数

図5-1-3　周波数解析

フーリエ級数：$f(t) = \frac{1}{2}a_0 + \sum_{n=1}^{\infty}(a_n \cos\frac{2\pi nt}{T} + b_n \sin\frac{2\pi nt}{T})$

フーリエ変換：時間変動する音（振動）を、周波数の組み合わせで表現（変換）する。

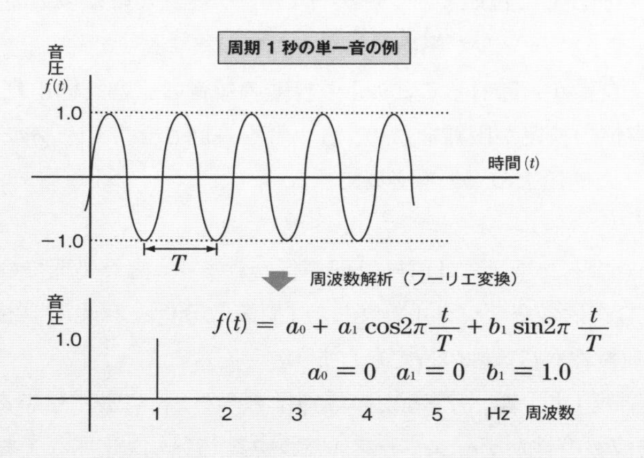

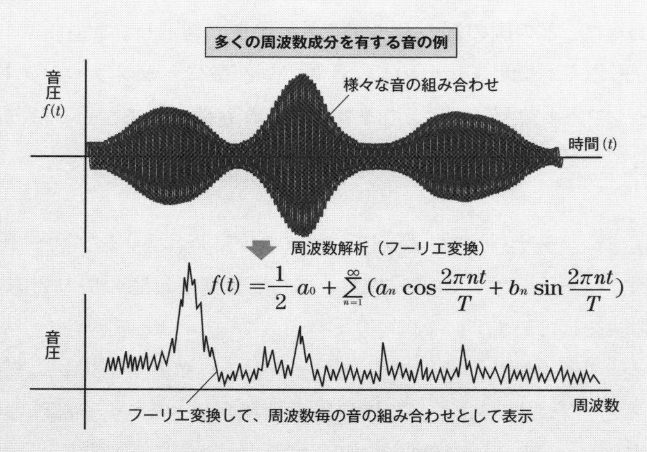

雑音や振動は通常、時間軸に沿ってそのレベル（音圧：音の強さ）を計測します。絶えず変動する複雑な波形をしていますが、雑音や振動が定常状態にある場合、これを異なる周波数の波の和として表すことができます。

この、異なる周波数の和として表現するのが「フーリエ級数」であり、時間軸の変化を周波数成分毎のレベルに変換する方法が「フーリエ変換」です。フーリエ級数は、周波数毎にsin、cos成分に分解して表されます。これらの処理はすべて、アナログの時系列データをデジタルに変換して行います。

この処理のおかげで、雑音や振動を支配している周波数を突き止め、有効な対策を行うことが可能になります。

ドップラーシフト

パトカーのサイレンは、近づいてくるときと、すれ違って走り去るときとで、音の高さ（周波数）が異なります。すなわち、音源が近づいてくれば見かけの周波数が高くなり、遠ざかると低くなります。これを「ドップラーシフト（ドップラー効果）」と呼びます。

相対運動をしている潜水艦は、その動きのため、音源の周波数がドップラーシフトによって絶えず変化します。この変化する周波数を絶えず補正して、真の音源周波数を求めます。

ソーナードーム

図5-1-4　ソーナードーム（ラバードーム）

ソーナードームは、「水中における運動で起こる乱流またはキャビテーションを減少させることによって、雑音をできるだけ少なくするために用いられる音響的に透明な流線形の覆い」（海洋音響学会『海洋音響用語辞典』より）と定義されます。

潜水艦の代表的なソーナードームは、艦首部に配置された多数の受波器（艦首型アレー）用です。

最近の日本の潜水艦では「ラバードーム（ゴム製）」が使われています。ラバーは音響特性（密度など）が海水に近いため音響透過損失が少なく、船体振動も伝えにくい（伝搬損失が大きい）という特徴があります。ただし、鉄板に比べて剛性が低いため、絶えず与圧しておかないと風船がしぼむようになってしまい、形状を維持できません。

FRP（繊維強化プラスチック）はラバーより剛性が高く、与圧が必要なく、音響透過特性や振動伝搬特性は鋼板よりも優れているため、有力なソーナードーム用素材です。ただし、水上航走で流木などに当たった場合は鋼板製よりもダメージが大きく、適用がためらわれています。

アクティブソーナー：やまびこの技術

図5-1-5　アクティブソーナーの模式図

「アクティブソーナー」は、「送波器（水中のスピーカー）」を使って自ら音波を出し、対象とする物体に音波を反射させて、返ってくる音波（反射波）をパッシブソーナーで捉えます。これで、その物体との距離（音波が行って帰ってくる往復の時間の1/2に海水中の音速を掛ければ距離が出ます）と方向が特定できます。

ここで「音速」についてですが、陸上の空気中では音速は約350m/秒であり、350m離れた山に向かって「ヤッホー」と言うと、やまびことなって約2秒後に「ヤッホー」と返ってきます。ところが、海水中での「音速」は約1,500m/秒（鉄板では約5,600m/秒）です。これは、音を伝える物質の密度が違うと音速が変わるからです。

また、物体（反射音波）の方向は、複数の受波器から入力された音波の「位相差」（物体に近い受波器と遠い受波器では入力時間差が生じます）から特定します。

さて、アクティブソーナーを発信するということは、静粛に隠密行動をしていた潜水艦が突然、音を出すわけですから、自身の存在を宣伝するようなものです。なので、相手の方向と距離を何としても正確につかまなくてはならないとき（魚雷の発射直前など）だけしか使いません。

また、アクティブソーナーを使えば自分の存在が相手に知られるので、すぐに猛ダッシュで逃げることを考えないと、逆に攻撃の的になってしまいます。最新の潜水艦ではリチウム電池が採用されていますが、「鉛電池＋スターリングAIP」よりも水中での高速持続性という点で優れていることが、その採用理由の1つです。いずれにしても、哨戒を主な任務とする潜水艦では、アクティブソーナーはあまり活躍しません。

漁船が使っている「魚探」（対象物体が魚）や、船舶が搭載している「水深計」（対象物体が海底）も、アクティブソーナーと同じ原理です。

大型艦ほど「反射面積（反射強度）」が大きくなり、アクティブソーナーで探知されやすくなります。そのため、通常動力型潜水艦の中では大型に分類される日本の潜水艦は、アクティブソーナーには不利です。そこで、最近は潜水艦に「水中吸音材」を装備しています。これは、アクティブソーナーから発信された音波を反射させずに吸収してしまうものです。

また、アクティブソーナー対策として「水中反射材」を装備する場合があります。反射材は、アクティブソーナーから発信された音波を積極的に別の方向に反射させ、音波の到来方向に返さないようにするものです。

サウンドレイヤー

図5-1-6　海洋水温の鉛直分布

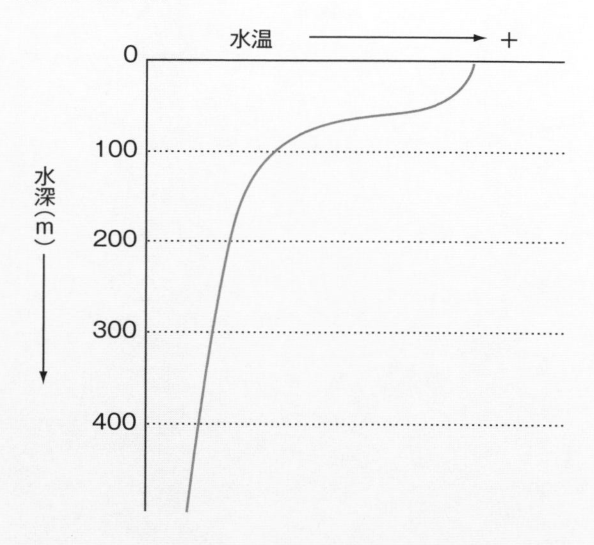

電波はほぼ直進するのに対し、海中の音波は圧力や水温、塩分濃度、海水密度などで伝搬速度が異なるため、多様な伝搬特性（曲がって伝搬する）を持っています。

音波は、音源から「球面拡散」（点音源で無限音場の場合）する疎密波で、海水中では圧力や水温、塩分濃度やそれらの変化に伴う密度変化が複雑に絡み合って、音速が微妙に変化します。そのため、海中の音源の拡散伝搬は、まともな真球面ではなくいびつな球形状の拡散をするのです。また、密度が急激に変化する層（レイヤー）があれば、音波の伝搬が阻害されて反射が生じます。

図5-1-7　サウンドレイヤーとその他の音響学的特性

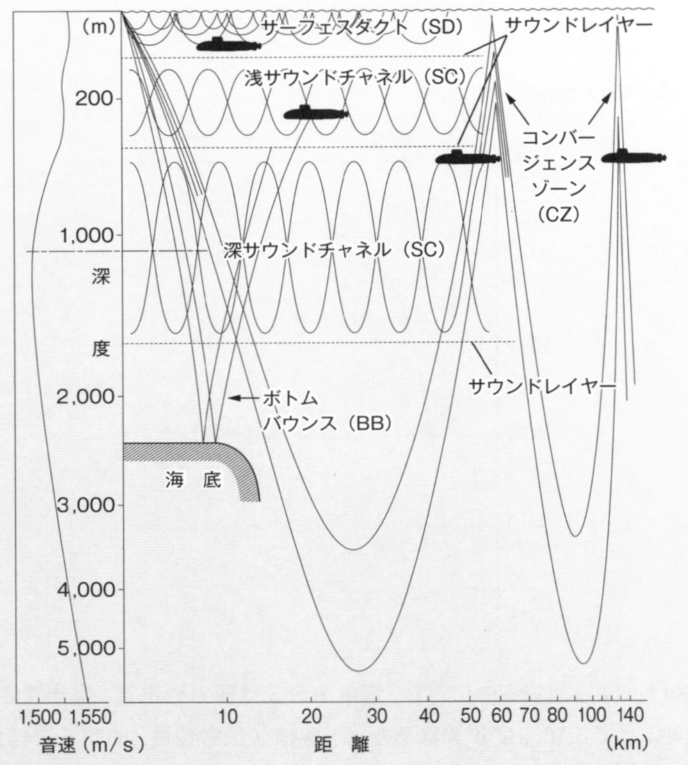

出典：世界の艦船 1991年4月増刊

海洋水温の深さ方向の分布（鉛直分布：図5-1-6）は、概ね深さ50～100mで急激に変化して、それ以上の深さでは数度（2～5°C）になだらかに収束していきます。逆に50～100mより浅いところでは、大気の状況（気象など）や海流に依存して大きく変化します。

日本気象協会やウェザーニュースは日本周辺の海水温度分布（海表面）の情報を公表していますが、冬の0°C付近から夏の30°C以上まで、季節と場所によって変化します。

また、深さ約1,000mの層（レイヤー）が最も音速が遅い層だと言われています。これぐらい深くなると、水温はほとんど変化しないのに圧力だけが変化するためです。また、海中の音響的な層としては、海底や海面も反射層となります。

このような音響的な層をうまく利用するべく、ソーナーの開発が行われています。また、潜水艦は深度を使った運用ができるので、このサウンドレイヤーの特徴を活用して、その恩恵を受けることができます。

更に、近年はコンピューター技術の進歩が著しいため、海洋全体の3次元水温分布や海底地形などの膨大なデータがビッグデータとして処理され、相手ソーナーからの探知を避けるための最適ルート立案に活かされる――そんな日も近いと予想されます。

なお、「サウンドレイヤー」という言葉は、一般的な技術用語ではありません。海洋の音響学的特性を示す用語としては、「シャドーゾーン」や「レイヤーデプス」、「コンバージェンスゾーン」、「サウンドチャネル」、「サーフェスダクト」などがありますが、専門的過ぎるので、ここでは割愛して、潜水艦のソーナー技術や運用で利用する音響的な層（サウンドレイヤー）が存在することのみ説明しました。

投下型深海温度計

潜航海域で実際のサウンドレイヤーを確認するために、この投下型深海温度計を使用します。名前の通り投下型（使い捨て）温度計です。

錘（おもり）とセンサー部からなる「プローブ」がワイヤー（電線）に繋がれています。このプローブを艦内から押し出す方式で射出し、ワイヤーで繋がれたまま自由落下（フリーフォール）させて、「海水温度」と「電気伝導度（海水密度）」の深度分布を連続計測します。所定の深度（ワイヤーの長さ）に達したら、ワイヤーが切れて計測が終了します。

図5-1-8　投下型深海温度計を海中に投下

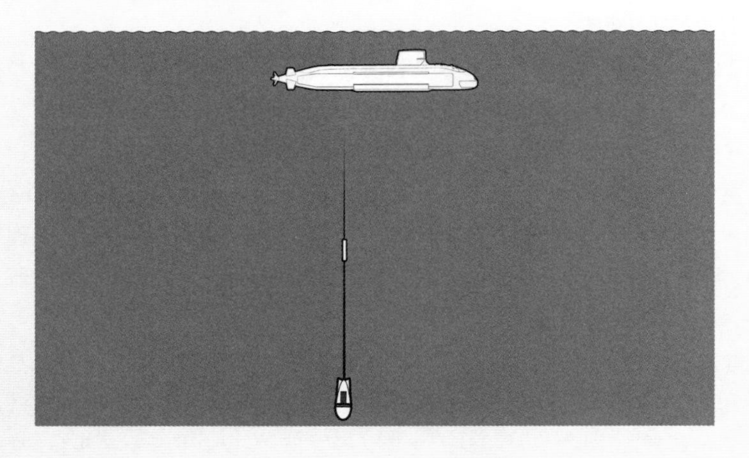

RCSとTS

図5-1-9　水上艦RCS対策が施された護衛艦「もがみ」

写真提供：海上自衛隊

「RCS」はRadar Cross Section、「TS」はTarget Strengthで、RCSは主として水上艦船のレーダーに対する反射強度、TSは海中での潜水艦のアクティブソーナーに対する反射強度を示します。いずれも被探知防止上、小さくする必要があります。

RCSもTSもほぼ面積に比例するため、大型艦はそれだけで不利です。そのため、いろいろな工夫がなされます。『ジェーン年鑑』や『世界の艦船』などでは、平面で構成された異様な外観の水上艦の写真を見ることができます。一般的に船は丸みを帯びた外観の方が美しく感じられますが、水上艦はRCSをできる限り小さくするために平面で構成された角ばった外観になっています。これは、電波の反射指向性を配慮した設計となっているためです。

平面構造の場合、その面に垂直に入射した電波の反射強度が最も強くなりますが、入射角度が少しずれただけで、電波発信元への反射波は急激に小さくなります。水上艦は絶えず動揺しているために、平面構造の場合、ぴったり垂直に入射する電波を継続的に維持できません。反対に丸みを帯びていると、入射角度が多少変わっても一定の反射強度を維持することになってしまいます。

潜水艦の場合は、主に音波によるTSですが、最大の反射強度を有する耐圧殻の形状が丸いので、水上艦のような平面を組み合わせた形状にすることは困難です。そのため大型艦になると、水中吸音材を船体外面に貼り付けて、反射強度の低減を図ります。

水中吸音材は各国で開発・実用化されていますが、それは高度な機密扱いとされています。

『世界の艦船』で世界各国の潜水艦の紹介写真を見ていると、水中吸音材適用艦の中には、船体外面が碁盤の目のように見える艦があります。これが水中吸音材です。ときどき、脱落しているように見える場合もあります。

水中吸音材、水中反射材

水中吸音材は、その名の通り「海中で音波を吸収してしまう」機能を持った材料です。アクティブソーナー音波（探信音）が相手艦から潜水艦に到達すると、船体に反射して相手艦に返っていきます。これがアクティブソーナー探知です。この反射を相手艦まで返さないようにするには、「反射せずに吸収してしまう」「反射音波を相手艦とは別の方向に返す」といった方法があります。前者を担うのが水中吸音材、後者を担うのが水中反射材です。

図5-1-10　水中吸音材と水中反射材の模式図

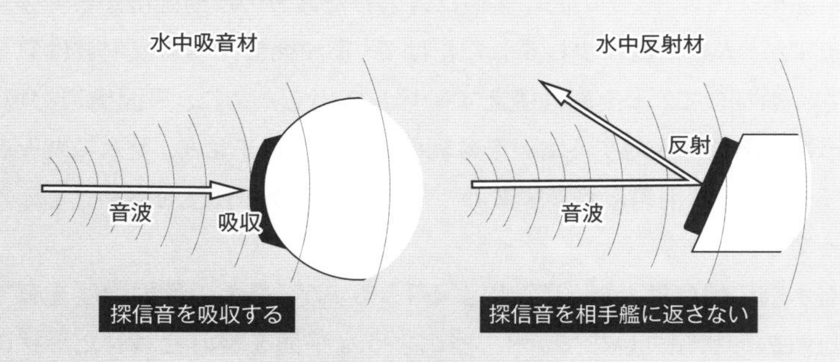

そもそも、海中の音波が物体に当たって反射するのは、密度の違いが原因です。

海水の密度との差が大きいほど、反射強度が強くなります。「鉄：海水：空気」は「約8：1：約1/800」で、圧倒的に空気層がよく反射します。従って潜水艦の場合は、大きな空気層が存在する耐圧殻が最大の反射層であり、断面が円形であるため、どの角度から音波が来ても（入射角）、同じ強さの反射が起こります。潜水艦が大型化すると耐圧殻も大きくなるため、水中吸音材の登場となります。

それでは、どのようにして音波を吸収するのでしょうか？

技術的には2つの方法があります。①「波動エネルギーを消費」する方法、そして②「入射音波と反射音波を重ね合わせて波動をキャンセル」する方法です。

まず①ですが、音波は疎密波で波動（振動）エネルギーを持っています。そこで、船体表面にこの音波を取り込む層を設け、この音波が「耐圧殻に到達し、反射して返っていく」過程で、音波の波動エネルギーを別のエネルギーに変換します。例えば熱エネルギーに変換して消費してしまうやり方です。波動が物質同士のずれを起こして、ずれるときの摩擦熱やこの層内のバネの減衰効果に期待するものです。これらの原理は、制振鋼板などの振動減衰効果の原理と基本的に同じです。

次に②について。位相の180度異なるsinカーブを重ね合わせると、キャンセルし合ってsinカーブが消滅します。この応用で、内部の空気層に取り込んだ音波を反射させて入力音波と反射音波をうまくキャンセルさせるやり方です。

いずれの方法も、到来する音波を水中吸音材の表面からうまく取り込むことが不可欠で、海水密度に近い材料を使う必要があり、ゴムや樹脂が適しています。このゴムや樹脂を主材料とし、上記2つの方法を機能させて、いかに効果的よく波動エネルギーを減衰させるか――が非常に機密性の高い技術でありノウハウとなります。

一方、水中反射材は船体表面に貼り付けて使いますが、海水との密度の違いを利用して反射させればよいので、通常はその層内に多くの空気が含まれていれば効率良く反射させられます。ただし、潜水艦は深度圧を受けるため、やわらかいゴムや樹脂に空気を含浸させておいても潜航すれば潰れてしまいます。潰れないように空気層をつくるのがノウハウとなります。また、水中反射材の配置を間違えると、逆効果（効率良く相手艦に音波を返す）となるリスクがあります。そのため、相手艦からアクティブソーナーで探信される状況を設定して、その方向に返さないように配置する必要があります。

従って、水中反射材は水中吸音材の補助的な位置付けであり、アクティブソーナー対策の主役ではありません。

その他の探知技術、被探知防止技術

海の忍者である潜水艦を見つける探知技術も、どんどん進化しています。パッシブソーナーは音源を有する物体しか探知できませんし、アクティブソーナーは音源を有しない物体も探知できるとはいえ、同時に相手に探知されてしまいます。

音響以外の探知方法としては、「赤外線（IR：Infra-Red)」、「磁気（MAD：Magnetic Anomaly Detector)」、「水中電界（UEP：Underwater Electric Potential)」などがあります。これらは、潜水艦を探知する航空機や水上艦に搭載・装備されます。これらの進歩に伴い、潜水艦側としては、これらのセンサーに探知されない技術の開発・実用化も必要になります。まさにイタチごっこです。

まずIRですが、熱を発する生物や物体からは、電磁波（光成分）である赤外線が放射されています。「赤外線撮像素子」の開発により、1980年代以後、軍用技術として進歩してきました。潜水艦のスノーケル航走では、航空機や衛星から潜水艦の姿は見えませんが、スノーケル排気筒からディーゼルエンジンの高温の排気ガスを出せば、IRで確実に探知されます。

この対策ですが、IRを放出しないためには排気温度を下げることが有効ではあるものの、海水による冷却だけでは不充分です。結局、スノーケルによる連続充電時間を少なくして（4-4項の「主発電装置（潜水艦用ディーゼルエンジン)」参照）被探知確率を下げる、という形で対応しています。

次にMADですが、これは磁気の乱れを検知するものです。潜水艦は巨大な鉄の塊なので磁場を持っています。そのため、潜水艦が動くことで地球磁場の乱れを起こします。そこで、航空機や水上艦艇が装備するポッド内に磁気センサーを取り付けたり、磁気センサーを曳航したりして、磁場の乱れを検出し、潜水艦を探知します。潜水艦のMAD対策としては、航行中に磁場の乱れを起こさないために「消磁コイル」（船体外面に電線をグルグル巻きにして電流を流し、艦全体を消磁する）を装備したりします。また、建造所で建造工事中から、鉄が磁力を帯びないように、磁石の使用は避けます（商船などの建造中は、鉄板を持ち上げるときに強力な磁石を使いますが、潜水艦の建造時には通常使いません)。潜水艦が就役した後も、潜水艦の磁場（磁力）は経年で変化するため、定期的に磁気検査や消磁をしています。

図5-1-11　耐圧殻に沿って這わせた消磁コイル

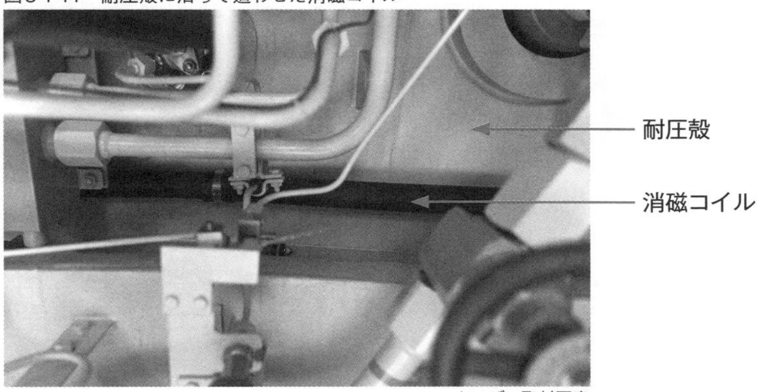

たいげい取材写真

次にUEPですが、これは探知技術、対応策（被探知技術）共にまだ発展途上です。潜水艦はほとんどの部分が鉄でできていますが、機能上必要な箇所に、一部、アルミニウムやチタン、銅合金などが使われています。それらの電位差と導電性の海水で生じる艦全体の電気の流れ（要するに巨大な電池）によって起こる、極微小な電場を検知するものです。UEPに反応する機雷は登場していますが、この技術はまだ開発中で、汎用機器とはなっていません。この技術が実用化されてくれば、被探知側の対策としては、艦全体の電気の流れを防止する必要があります。このためには、鉄以外の異種金属をことごとく「絶縁処理」（海水と接触する部分の絶縁および鉄と接触する部分の絶縁）をしたり、逆向きの電気的ループを形成してUEPをほぼゼロにするといった対策が必要となり、これはまた大変なことになります。

5-2 雑音と雑音低減技術 ～海の忍者には極めて厄介～

潜水艦にとって雑音は、ゼロにはできない極めて厄介なものです。相手艦より静かでなければ、先に探知されてしまいます。また、自身の音響機器を高性能に機能させるためにも、自身の雑音を極限まで低減する必要があります（S/N比確保）。ひと口に雑音と言っても、いろいろな雑音があります。ここでは、雑音の種類とその特徴およびこれを低減するための対策技術について解説します。雑音低減技術については、潜水艦にとって生命線とも言える技術であり、各国がしのぎを削っている中、日本は世界でトップクラスの技術レベルにあります。従って、あまり詳細には記述できません。

固体伝搬雑音（Structure borne noise）とその低減対策

図5-2-1　固体伝搬雑音の模式図

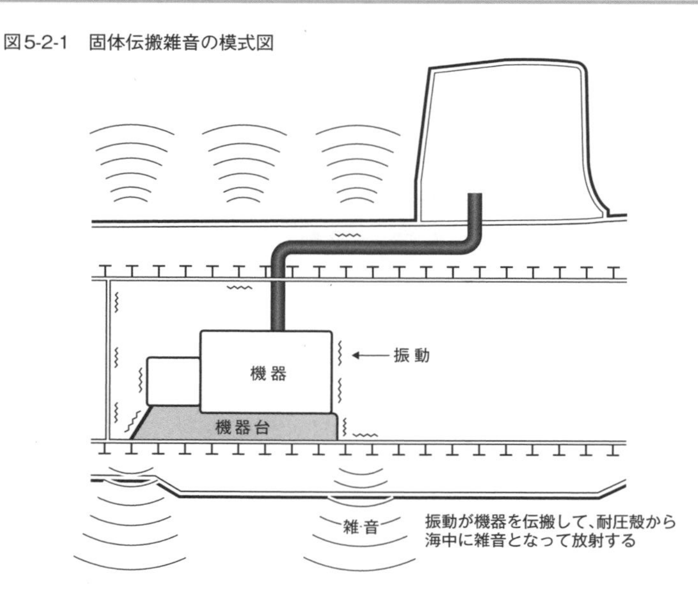

この雑音は、艦内外の主機や補機（ここでは単に機器と記述します）が機械的に駆動するときに生ずる振動が、機器→機器を支える構造→艦内構造→耐圧殻（または外殻板）の順序で伝搬していき、海水に直接接している耐圧殻や外殻板の振動が海水を励振させて、疎密波（音波）となって海中に放射されるものです。これは機械雑音とも言います。機器の回転数や往復駆動数に応じた周波数（およびその倍調周波数）が顕著な雑音になるため、機器の種類や回転数がわかっていれば、どの国のどのような艦艇なのかわかってしまいます。

この雑音の低減対策は、振動源となる機器の振動低減と、伝搬経路での低減対策となります。まず、機器の低振動化ですが、低回転化、剛性強化（強度を増すこと）、駆動部のはめ合い精度アップ（がたつき防止）等です。特に、機器毎に特徴のある振動（回転数に起因する周波数の振動）が出ないように、個別の対策を実施します。

どのような対策を講じても、振動がゼロになることはありません。そこで、耐圧殻に至るまでの経路で様々な対策がとられます。その第一歩は防振ゴムと防振管継手です。機器を据え付ける台構造（主機台、補機台）に振動を伝えないよう、特殊なゴム（防振ゴム）で機器を支えます。

防振ゴムは弾性体なので、共振すれば振動の伝達が大きくなりますが、共振周波数を外せば内部で振動エネルギーを熱エネルギーなどに変換し、振動として伝達しなくなります。潜水艦の場合、主要な機器の回転数（振動周波数）よりもずっと低い周波数で共振するような、比較的やわらかいゴムを使用しています。このため、機器の静的荷重を加えただけで変形してしまったり、艦が揺れただけで防振ゴムの上の機器も揺れてしまったりするので、そうなっても他の機器や配管に接触しない配慮が必要です。

図5-2-2　防振ゴム

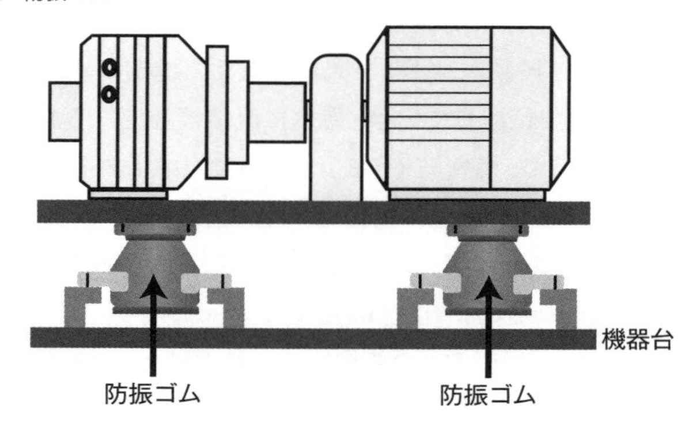

図5-2-3　防振ゴムの振動伝達率

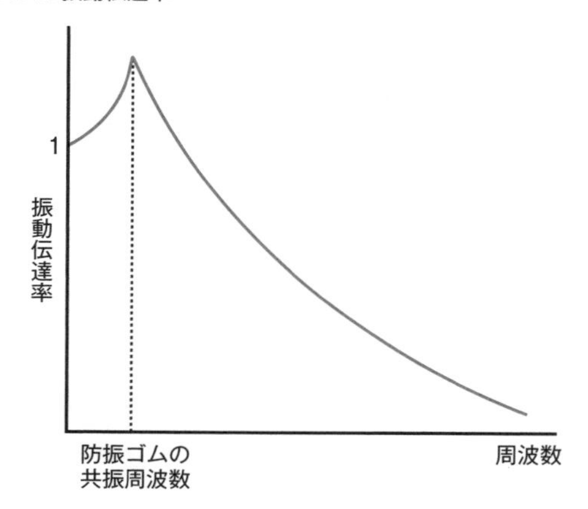

更なる振動低減の方法として、二重防振支持があります。これは図5-2-4のように防振ゴム＋錘（ウエイト）＋防振ゴムの組み合わせです。通常の一重防振ゴムよりもかなり大きな防振効果が得られます。潜水艦の最大の振動源であるディーゼルエンジンは、最新の艦では二重防振支持をしています。このため、防振ゴム上でのエンジンの変位（踊る量）も大きく、エンジン上部でつっかえ棒による変位拘束をしているほどです。そして、このつっかえ棒を通した振動伝搬を防止するため、ここにもゴムを挿入しています。

図5-2-4　二重防振支持

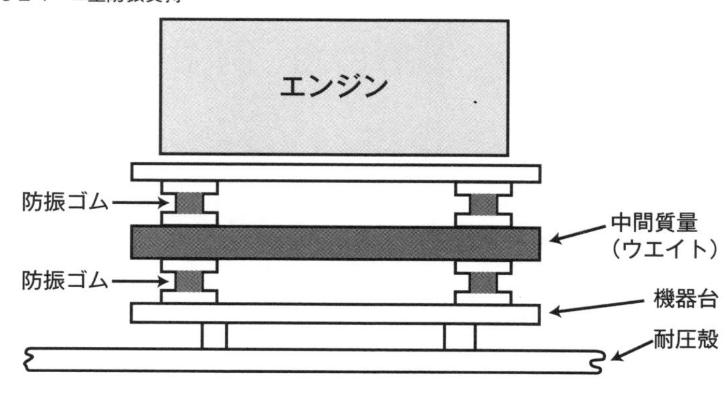

防振支持された機器に接続された配管は、機器の振動が直接伝搬するうえに、機器が防振ゴム上で揺れる分の影響をまともに受けます。この対策として、ゴム製の配管（防振管継手）で接続します。防振管継手は、金属製のフランジで機器や配管と結合されます。

これらの対策をとっても充分でない場合には、耐圧殻までの伝搬経路での対策となります。主な対策としては、制振鋼板や制振合金の適用、制振材料の構造への塗布（貼付）、剛性強化等があります。機器の回転数に起因する周波数で共振する構造があれば、そこで振動が増幅されるため、共振回避のための徹底した対策がとられます（例えば、鋼板に補強材を入れて共振周波数を高周波数側にシフト）。

また、配管内を流体が高速で流れる場合や流体が脈動する場合、管壁での摩擦や脈動による振動が生じます。これが配管の振動となって伝搬するので、この対策も必要となります。管の曲がりを少なくして管抵抗を減らしたり、口径を大きくして流れを遅くしたり、管の板厚を厚くして剛性を強化したり、管の外面に制振材料を塗布（貼付）したり、といったところが主な対策です。配置上の制約等を勘案して、最適な対策を講じます。

制振鋼板、制振合金、制振材料

鋼板、お寺の鐘、仏壇の鈴（りん）などを叩（たた）くと、結構長い時間残響があり、これがまた情緒豊かな雰囲気を醸し出します。しかし、雑音低減、振動低減の世界では極めて困る現象です。そこで、叩いても"ボコッ"と聞こえるだけで、できるだけ残響のない材料が開発されています。これを制振鋼板、制振合金、塗布型制振材料と言います。制振鋼板は、樹脂を鋼板でサンドウィッチした材料であり、樹脂が振動の緩衝材になって制振効果を発揮します。洗濯機などに使われています。制振合金は、金属の組織（分子構造）を工夫して、振動を組織間の"ずれ"等の熱エネルギーに換えて吸収するものです。電動工具などに使用されており、潜水艦のプロペラの候補材料でもあります。塗布型制振材料は、エポキシ等の樹脂に制振効果を上げる粉末を添加したもので、鋼板の表面に塗布することにより制振効果を発揮します。これらの材料は高価であり、また制振鋼板や制振合金は加工性にやや難点があるため、それほど普及しているとは言えません。

図5-2-5　制振鋼板

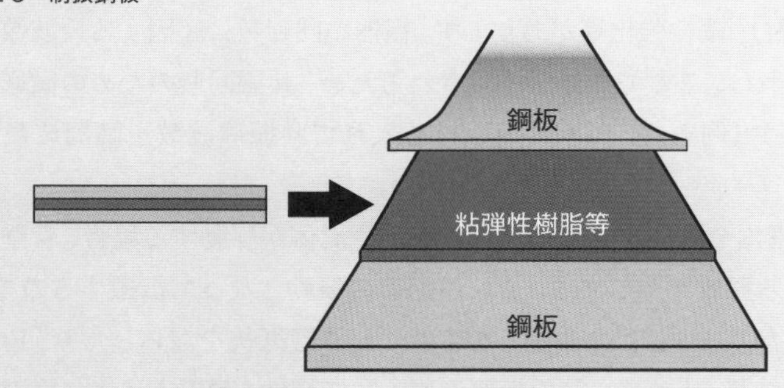

流体雑音（フローノイズ、プロペラ雑音）とその低減対策

図5-2-6 流体雑音の模式図

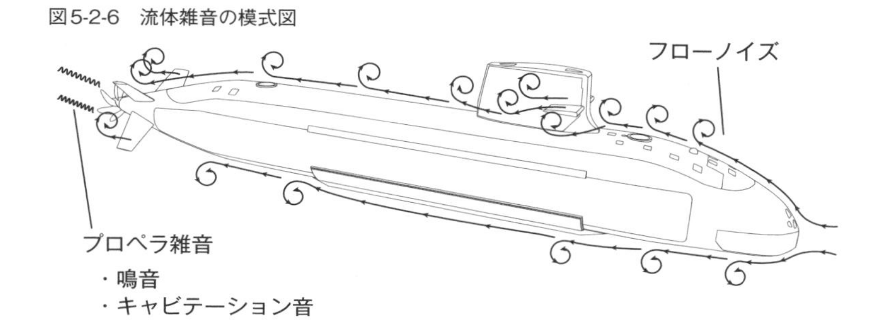

流体雑音には、潜水艦表面の流体の流れに起因して発生するフローノイズ（Flow noise）と、プロペラから出るプロペラ雑音（Propeller noise）があります。この雑音の特徴は、「潜水艦の外側で直接雑音が発生するため、その雑音そのものを直接下げる以外に対策がとれない」ところです（固体伝搬雑音のような伝搬経路での対策はできません）。

まず、フローノイズから解説します。流れの中に物体を置くと、物体に沿って（乱流境界層渦）、および物体の後方（カルマン渦）に渦が発生します。この渦は圧力変動を伴うため、疎密波すなわち音波となります。また、渦が発生するということは、それにエネルギーが消費されて推進抵抗も大きくなります。潜水艦にとってマイナス要因です。空中でも流れの中に物体を置くと音が出ます。高速道路で車を運転していると風切り音が聞こえてきますね。これがフローノイズです。この渦をできにくくするのが、フローノイズ低減対策となります。

まず、形状を流線形にすることで、物体表面および流れの後方に生じる水流の乱れを少なくできます。潜水艦の場合、主船体はできるだけ涙滴型（ティアードロップ型）や葉巻型の形状、舵や艦橋は流れのスムースな翼型断面とします。潜水艦の機能・性能上の制約から理想的な形状にはできないので、新型潜水艦の設計時には様々な形状の模型を製作して水槽試験を行い、流れの状況や抵抗を計測して形状の最適化を図ります。それればかりでなく、船体を詳しく見ると、流れをスムースにするための様々な工夫がなされています。突起物や穴（開口部）対策です。

まず、潜水艦の性能・機能上、様々な突起物や開口（穴）があります。これらはすべて流れを乱し、フローノイズの原因になります。突起物では係船金物（ボラード）のような大きなものから、開口部の蓋等のボルト頭、溶接線の盛り上がり、開口部では艦橋や上構の空気抜き、メインバラストタンク底部の注排水口（フラッドポート）等があります。

係船金物等の大きな突起物は、可倒収納式にして、使用するときだけ突起させるようにしています。ボルトの頭は極力船体外板より外に出ないように、ボルトの頭が外板面と面一（つらいち）になるように構造を工夫します。溶接線の盛り上がりについては、必要に応じてグラインダーで盛り上がりを落として均一な面仕上げを行います。空気抜きは極力小さな穴とし、必要最小限の個数にして効率良く配置します。

メインバラストタンク底部の注排水口の開口は、「ブラインドのような羽根（整流板）」をつけて流れをスムースにする工夫もします。また、玄人っぽい対策ですが、最新の潜水艦では艦橋の付け根を円弧形状にして、主船体から艦橋が直角に立ち上がらないようにしています。これは、首飾り渦と呼ばれる、艦橋付け根に発生する渦を防止するものです。また、ソーナーの送受波器を収納する部分の外板をゴム製またはFRP製にして、たとえフローノイズ（渦）が発生しても外板が励振されないような工夫もしています（5-1項のコラム「ソーナードーム」参照）。

次にプロペラ雑音についてです。プロペラは、複数の羽根（翼）を水中で振り回して推進力を得るため、典型的な雑音源です。プロペラがつくる渦流そのものが雑音ですし、その渦がプロペラの羽根を励振すると、その振動も雑音になります。

図5-2-7

写真提供：（国研）海上・港湾・航空技術研究所

特に、渦（カルマン渦）の周波数とプロペラの羽根の固有振動数が一致した場合には、羽根が共振して、強風にさらされた電線や煙突、アンテナ等のうなり音と同じような、連続した大きな音が出ます。これを鳴音と言います。また、プロペラからはキャビテーション音も発生します。

速い速度で航走するためには大きな推力が必要となり、プロペラを速く回転させる必要があります。そうすると、プロペラの羽根表面を流れる海水の速度がどんどん速くなり、その分、圧力が下がります（4-6項のコラム「ベルヌーイの定理と翼理論」参照）。

高い山の上では100℃より低いの温度でも水が沸騰し出すように、海水中でも沸騰して気泡を出します。これの気泡はプロペラ後方に流されていきますが、流れのない静止した海中に近づくにつれて周囲の圧力が上昇し、これらの気泡は潰れてしまいます。プロペラで気泡が発生することを「キャビテーションの発生」、気泡が潰れるときの音を「キャビテーション音（キャビテーション雑音）」と言います。これらプロペラ雑音は、翼数、翼形状、回転数によって特徴のある音が出ます。この音の特徴（音紋）から、どの国のどのタイプの潜水艦なのかを特定されてしまいます。

図5-2-8　プロペラ翼形状の違い

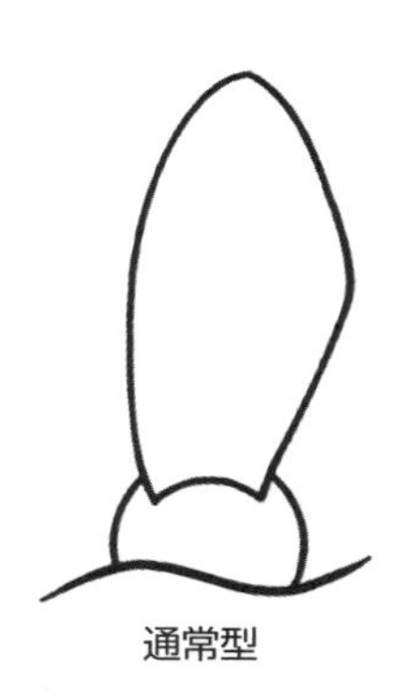

図5-2-9　プロペラキャビテーションの原理

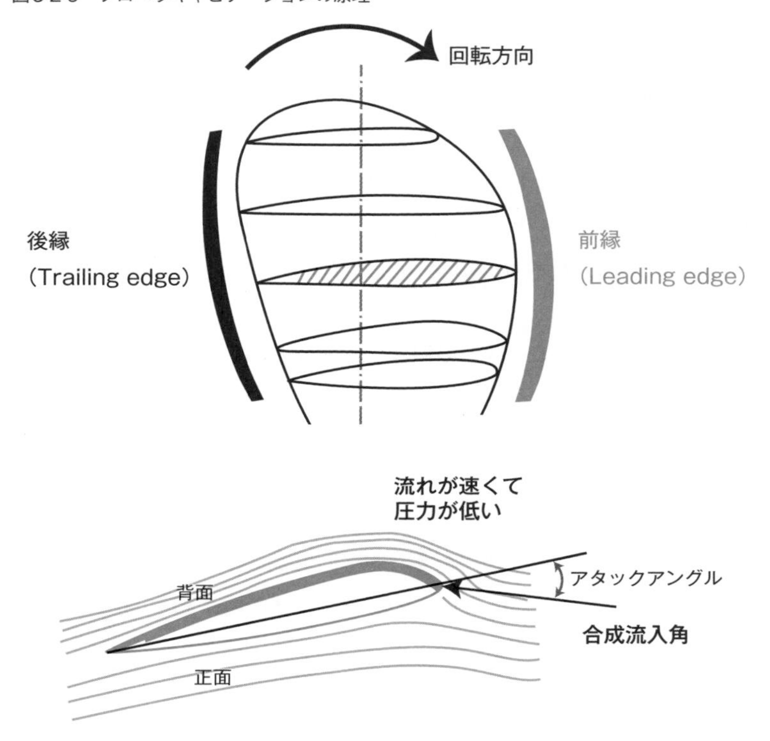

従って、プロペラ形状や翼数はトップシークレットであり、通常修理や検査のため建造所のドックに入渠するときは、カバーをかけて見えないようにします。

プロペラの雑音低減のためには、以下の対策が検討され、有効な対策が実施されます。

①**大口径化、多翼化、低回転化**：羽根への流体力負荷を低減します（それぞれ限度がありますが）。

②**伴流改善**：艦尾のプロペラに流入する流れを均一化することですが、プロペラの前には縦舵や横舵（またはX舵）があり、これらによって流れが乱されます。この影響を少なくするため、プロペラと舵の距離をできるだけ離します（これも限度があります）。

③**プロペラ材料**：「プロペラの翼（羽根）が渦流で励振されても、振動になりにく

い」材料を用いることもあります。例えば制振合金や複合材料（FRP等）がその候補です。ただし、プロペラが損傷を受けると艦の運用上致命的となるため、流木に当たったぐらいで割れが入ったり欠けたりしない信頼性と静粛性との天秤（てんびん）になります。

④**プロペラ形状**：キャビテーション対策として、最も発生しやすい翼の先端の形状を工夫（例えば斧のような形状：ハイスキュード型）し、翼面で極端に圧力が下がらないようにしています。なお、深く潜れば周囲の圧力が高く、プロペラの背面でもそんなに圧力が下がらないので、キャビテーションは発生しません。また運用上、潜水艦の操縦にあたって、速力・深度とキャビテーション発生の関係を十分に理解し、キャビテーションが発生しないように配慮します。

⑤**鳴音防止加工**：翼の後縁（トレーリングエッジ）からカルマン渦が発生しにくい形状に加工することも行われています。その加工形状は理論と経験に基づいて決められますが、秘中の秘です。

空気音（Airborne noise）とその低減対策

図5-2-10　空気音の模式図

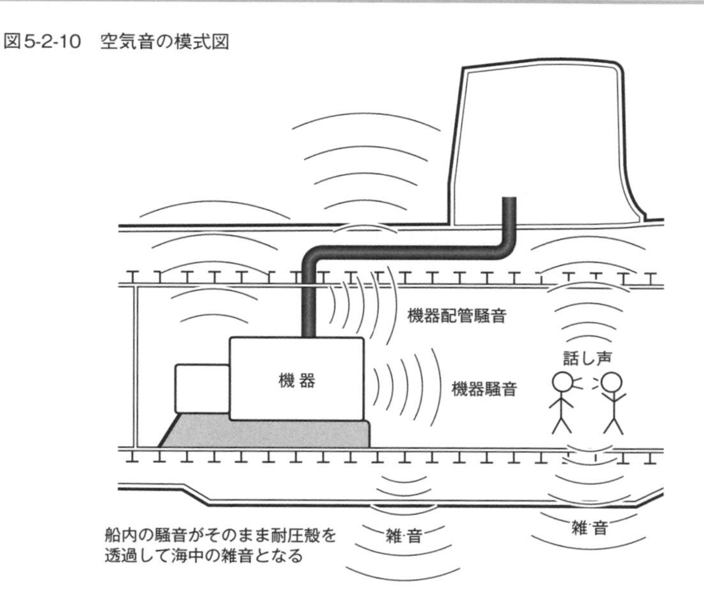

空気音（騒音）は、固体伝搬雑音や流体雑音ほど脚光を浴びていません。潜水艦が最も静粛にしなければならない状況では、艦内のほとんどの駆動機器を止めて、速力もほぼゼロ（海底に沈座するか海中で超低速）の状態にします。この場合は、固体伝搬雑音や流体雑音はほとんど発生しません。このような状況では空気音が問題になります。

空気音は、乗員の話し声、乗員が歩く音、機器から発生する音等、艦内で発生する様々な音が、耐圧殻を透過して艦外に水中放射雑音として出ていくものです。これが空気音です。ソーナーマンがパッシブソーナーで監視していると、突然、他艦の話し声が聞こえてきたりするようです。

原理としては、空気中で発生した疎密波が、海中に接する外板（耐圧殻等）を透過して、そのまま海中での疎密波になって放射されます。空気音の低減対策は、艦内を徹底的に静かにすることです。このように徹底的に静粛にしなければならない状況では、話すことも制限されますし、乗員の移動、トイレやシャワーの使用も制限されます。また、艦内の床に音を出さないマットを敷くとか、乗員が音の出ない靴を履くといった対策もとられます。

本当に、潜水艦の乗員は、音に対してはこれほどセンシティブでなければならないのです。

今後更に潜水艦で対策が必要となってくる雑音

これまで、潜水艦の雑音の種類とその対策を説明してきました。それらは主に定常雑音であり、雑音がフーリエ級数展開されて周波数特性の形で分析され、艦の位置と艦の特徴を把握されてしまうのを防止する技術です。これらの雑音に対して、ソーナーの送受波器や解析方法（ウェーブレット解析法等）の進歩その他により、今後は更に次のような雑音の低減が求められるようになります。

①**非定常音**：定常雑音ではなく、「太鼓を1回叩く音」のような短音も探知の対象になってきています。従って、瞬時の音にも注意を払う必要があり、特に機器の起動音、バルブの操作音等にも対策が必要になってきます。

②**周波数領域**：雑音対策は、ソーナーのダイナミックレンジで受波可能な周波数を対象に実施しています。これまでは、周波数が高くなれば海中の伝搬損失が

大きくなるためあまりケアしなくても良かったのですが、受波器の進歩、背景雑音に対するS/N比の改善（ソーナー技術の進歩）、解析方法の進歩等で、この周波数領域がどんどん高周波数化されてきています。海中の音波は、電波のようなMHzやGHzの領域ではなく、あくまでkHzが対象です。これまではせいぜい数十kHzが対象でしたが、それがどんどん高周波数化しているということです。

今後も、ソーナー技術の進歩に比例して、雑音低減技術も進化させる必要があります。

「いかなる音も出さない」という努力と工夫がますます必要になります。

雑音低減への取組

潜水艦建造所のエンジニアにとって、雑音低減への取組は非常に重要なテーマです。そもそも雑音といっても固体伝搬雑音、流体雑音、空気音等があり、それぞれについて個別の機器対策、構造対策、艤装対策など多岐にわたっています。あらゆる雑音に対して考えられるすべての対策を徹底的に実施しようとすると、コスト、重量、スペース等が大きくなり過ぎて、潜水艦として成立しません。従って、様々な状況を想定して、トータルの雑音が問題ないレベルに収まるようにしています。

これらの解説については秘密に該当するので、本書ではその詳細な記述を差し控えています。ここでは大まかなことだけ示しておきます。

①建造所の潜水艦エンジニア：

建造所で潜水艦に関わるほぼすべてのエンジニアは、雑音低減に関するノウハウを有しており、個々の対策案の情報共有化も積極的に行っています。そのためには、雑音を総合的に管理するスタッフの存在も重要です。

②個別機器の雑音低減：

機器メーカーの技術に海上自衛隊や建造所の知見を加えて、雑音低減への取組を行っています。ディーゼルエンジン、油圧ポンプ、海水サービスポンプ等の主要機器に対して、摺動部品の高精度化、剛性強化等のノウハウを蓄積し、機器単体の振動騒音計測法やその評価方法についても共有化しています。

③設計、製造時の雑音低減：

・配置上の工夫：雑音を最も低くしたい場面でも、どうしても稼働させなければならない機器があります。これらの機器は徹底的な雑音低減策を講じますが、雑音ゼロにはならないので、できるだけ耐圧殻から遠い配置にするなど配置上の工夫もします。これは、その艦の基本設計時に配慮されます。

・振動伝搬上の配慮：機器の据え付け（防振ゴム等）、配管類の対策、伝搬経路の対策（制振材等）を徹底させます。配管は耐圧殻を貫通しているものも多く、振動や管内の流体雑音に対しても対策を行います。配管内の流体雑音低減のためには、流路を直角に曲げない、分岐部をスムースにするなどの対策も行います。

・流体雑音：フローノイズに関しては、艦橋付根の首飾り渦対策など外表面を流線形にすることはその艦の基本設計時に決められます。その他、外表面の穴や突起（溶接部のビード盛り上がりも）についても対策します。

④艤装後の振動確認：

機器を艤装した後、主要な機器については機器単独やシステム作動させて振動や振動の伝搬状況についてチェックします。ここで、問題があれば艤装を中断して対策します。機器その物や据え付けに問題あれば、アクロバティックな姿勢で機器そのものにアプローチして対応します。艤装岸壁での振動計測では、艦外への放射雑音が評価できるわけではありませんが、この段階で少しでも問題がありそうなら早期に解決しておきます。

⑤海上公試運転での確認：

潜水艦の建造がほぼ完成した後の海上公試運転では、実際の使用状態で徹底的な試験を行います。雑音に関しても、固体伝搬雑音、流体雑音等の評価をします。この試験では、搭載されているパッシブソーナーを使って自らが発する雑音の評価、確認も行います。なお、プロペラ雑音は海上公試でしか雑音評価はできません。

雑音に対する対策は艤装完了に近づくほど対策が困難かつ時間がかかることになります（艤装を解いて対策機器を開放する手間）。従って、艤装進捗に合わせて幾度もチェックしてその都度対策を行い、艤装完了後に対策する必要が無いことを目指すようにしています。

日本の潜水艦を支える三菱重工業と川崎重工業は、静粛性の面でも競争と協調のバランスの中で絶えず進化しており、世界でトップクラスの静粛性を誇る潜水艦の源泉といえます。

502「うんりゅう」(そうりゅう型)

写真提供：海上自衛隊

Chapter
6

潜水艦の設計・建造技術～約100年の技術進歩とノウハウ蓄積～

6-1 設計技術

潜水艦を建造するためには、計画段階から膨大な設計図が必要です。それぞれの段階で潜水艦ならではの配慮がなされている設計についてお話ししましょう。

膨大な設計図

潜水艦の設計の流れは、「概念設計」→「基本設計」→「詳細設計」→「生産設計」です。日本の場合、概念設計と基本設計は防衛省が中心になり、設計・建造ノウハウのある建造所の技術者が協力して実施します。

詳細設計と生産設計は、受注した建造所が実施して、主要な図面は防衛省の承認を受けます。

◆概念設計

概念設計は、シリーズ艦（約10艦）の基本性能・基本要目を策定して概略船価を想定するもので、1番艦の数年前から着手します。

基本性能は、「最大安全潜航深度」、「航続距離」、「最大および巡航速力（水中、スノーケル、水上）」、「搭載武器要目」、そしてそれまでに実施した研究開発成果（例えばスターリングAIP、リチウム電池、X舵……）の装備要否などを決定します。

これらをもとに基本要目を決めるため、概略配置や船型を何種類も検討します。また、候補船型については、模型船による水槽試験や風洞試験を実施して推進性能を予測し、主推進電動機、ディーゼルエンジンの要目（馬力、形状など）を決定していきます。

「防衛計画への大綱」（目標隻数）や「中期防衛力整備計画」（5年毎の建造計画、2022年12月以後は防衛3文書で示されています）で建造隻数、概略予算が決められているため、その方針のもとで基本性能や基本要目が決められていきます。この概念設計は、建造契約の2年前（1年前に予算要求するため）には完了しておく必要があります。

◆基本設計

基本設計は、概念設計をもとに作成します。具体的には、「船体部」、「機関部」、「電気部」、「武器部」で基本的な図面を作成します。

船体部でつくるのは、船体形状の線図や一般配置図、耐圧殻構造図、船体各部構造図、補機要目・系統・配置などです。

機関部では、ディーゼルエンジンやその周辺補機の構造、要目、系統、配置などの図面で、AIP艦ではAIPシステムも機関部に含まれます。

電気部では、主推進電動機や蓄電池、電気品、電子制御品、操作パネルなどの構造、要目、系統、配置などの図面です。

武器部では、魚雷発射装置（発射管装置を含む）や魚雷格納装置、ソーナー関連装置、武器管制装置などの構造、要目、系統、配置などの図面です。

◆詳細設計

潜水艦の建造での詳細設計とは、建造契約をした建造所が、建造するために必要な図面に展開する作業です。作業は、防衛省があらかじめ定めた各設計基準に従って進めます。

詳細設計図面は、かつては膨大な書類となっていましたが、近年は設計に「3D CAD」が使われるため、図面を描くというより「コンピューターで詳細に定義していく」というやり方に代わり、個々の図面という概念がなくなってきています。

例えば、構造を例にすると、基本設計では「形状や寸法、材質、板厚程度」が記載されているのに対し、詳細設計では、すべての補強部材を加えて、部材を一品展開できるレベルまで詳細に定義します。また、溶接法や溶接部の仕上げ方法なども記入します。

◆生産設計

生産設計では、詳細設計情報に基づく一品展開図をベースに、素材を発注して、これらの組み立ての要領・手順、搭載や配置の要領・手順など、潜水艦の建造現場ですぐに作業ができるように展開していきます。

潜水艦の場合は特殊な材料が多く、構造も複雑（円形の耐圧殻内にコンパクトに収めるため）で、更に高密度かつ狭隘（きょうあい）な配置のため、ジグソーパズルの要領で手順良く作業を進めないと、「はじめに戻ってまたやり直し」ということになります。この辺りは100年を超えるノウハウの積み重ねがものを言います。

なお、詳細設計や生産設計では、建造を担当する建造所の設備やその能力に基づいて効率良く建造ができるように展開していきます。そのため、詳細設計や生産設計を他社建造所に持っていっても、そのままでは使えません。

冗長性

潜水艦の設計の特徴に「冗長性（redundancy）」（予期せぬ事態に備えて重複して準備しておくこと）があります。

これは、日本の戦後潜水艦の設計思想です。潜水艦には百名近い乗員が勤務しています。平和時の抑止力としての潜水艦とはいえ、事故が起きれば、ロシア原潜クルスク事故*のように全員が死亡するリスクがあります。

そこで安全性を確保するため、重要なシステムは二重系すなわち冗長性を持たせています。例えば、舵駆動装置は三重の油圧システムを備えています。また、酸素供給装置や炭酸ガス吸収装置は、メインが故障しても大丈夫なように、二重、三重のバックアップ装置が準備されています。

3次元CAD（3D CAD）

「3D CAD（3-Dimensional Computer-Aided Design）」とは、コンピューターの進歩と共に1990年代から急速に普及してきた「設計生産ツール」です。それ以前の「2D CAD」は、紙の図面の「平面図、正面図、側面図」を単に電子図面化しただけでしたが、3D CADでは構造物や機器を立体的に表現するだけでなく、立体的に配置すること、更に構造部材や機器の部品レベルまで定義することができます。

このおかげで、製作・建造するものをわかりやすく見せられるようになっただけでなく、部品の発注に利用したり、構成部材を素材から組み立てていく手順に展開するなど、設計・生産活動全般にわたり、その仕組みが革新されたのです。

潜水艦は、耐圧殻の断面が円形なので、設計者はこの円形の空間に効率良くか

＊**原潜クルスク事故**：ロシア連邦海軍所属のオスカーⅡ型原子力潜水艦「クルスク」は、2000年8月12日にバレンツ海で搭載魚雷の爆発事故により海底に沈没、乗員118名全員が死亡した。

つ機能性を重視して構造物や機器を大中小織り交ぜてジグソーパズルのように配置することに大変な苦労をします。更に、配管や配線を3次元的に無駄なスペースをつくらないように導設するのは、まさに神業のようです。

実は、かつての建造現場では、紙の図面（2次元の平面、正面、側面図）の通りにはなかなかできないので、現場の状況に合わせて工事をするのが一般的でした。そのため、設計にも現場工事にも匠（たくみ）の技が求められていました。

ところが近年は3D CADの導入により、上流の設計段階で精度の高い3次元設計ができるようになりました。更に、メンテナンスのための空間シミュレーション（艤装、点検、分解のスペース）まで電子的に行えるようになりました。これは、「匠の技の伝承」が難しい時代にマッチした設計生産改革だと言えます。潜水艦の建造では、まだまだ長年のノウハウと匠の技に依存していますが、少しずつ変貌しつつあります。

図6-1-1　3D CADで船殻構造モデリング例

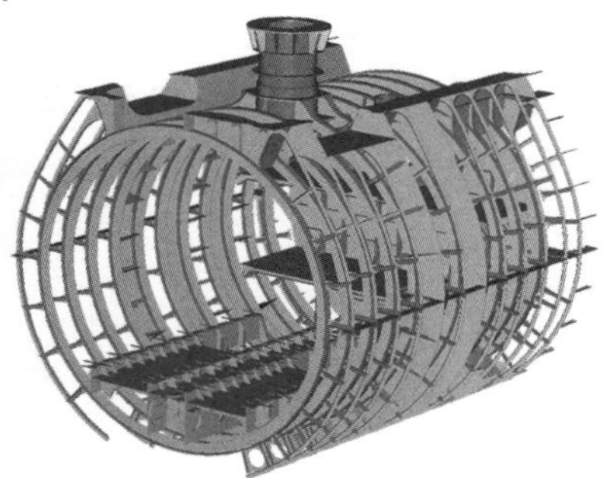

画像提供：川崎重工業株式会社

6-2 建造技術

潜水艦は、高度な技術を要する耐圧殻など船体構造の製造、狭いところに手順よく配置するノウハウに支えられた艤装が嚙み合ってでき上がります。この建造技術の特殊性に触れたいと思います。

鋼板成形～流れるような外面の3次元曲面を鋼板で成形する技術～

耐圧殻のような2次元曲げ（円筒曲げ）部材は、ローラーやプレス機で機械的に成形しますが、潜水艦の外板部は3次元曲面が多く、これらは「焼曲げ」（片面を熱して裏面を冷却すると鋼板が反り曲面ができる）と称する、熟練工によるガスバーナーと冷却水を使ったハンドメイドとなります。

多くのピース毎にハンドメイドされた3次元曲面鋼板同士が、ほぼ誤差なしで溶接されて、線図ライン通りにでき上がります。

図6-2-1　線図の例

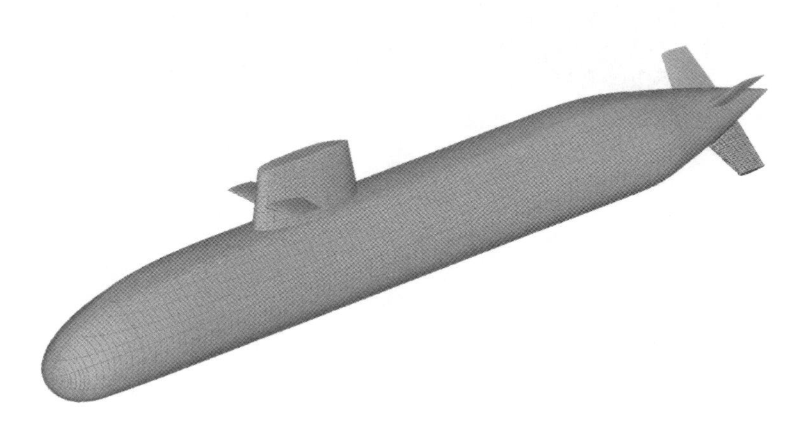

画像提供：川崎重工業株式会社

船体構造

強度や靭性（クラックが簡単に入らない粘り強さ）が極めて高い耐圧殻用鋼板の溶接など、加工技術と真円精度維持技術について解説します。

潜水艦の耐圧殻に使われる「耐圧殻用鋼板」は、強度と靭性が極めて高い「特殊な鋼板」（超高張力鋼）です。耐圧殻用鋼板は、数百メートルの深度圧に耐える強度（普通鋼の数倍の強度）と、艦艇特有の衝撃的な外力が加わってもガラスのように割れることのない粘りを備えた鋼板が必要だからです。

実は耐圧殻用鋼板のような鋼板は、厳しい溶接条件を守って施工しなければ、溶接部に内部欠陥が発生します。具体的には、溶接部の割れ感受性が高いため、溶接で溶けた金属中に不純物である空気中の酸素や水素が残らないよう、最適な入熱条件で溶接する必要があります。

そのため、通常の溶接法（被覆アーク溶接）の他に、適材適所で「GTAW」（Gas Tungsten Arc Welding：不活性ガスシールドタングステン電極溶接）や「GMAW」（Gas Metal Arc Welding：不活性ガスシールドアーク溶接）を用いて、溶接品質を確保します。

図6-2-2　被覆アーク溶接

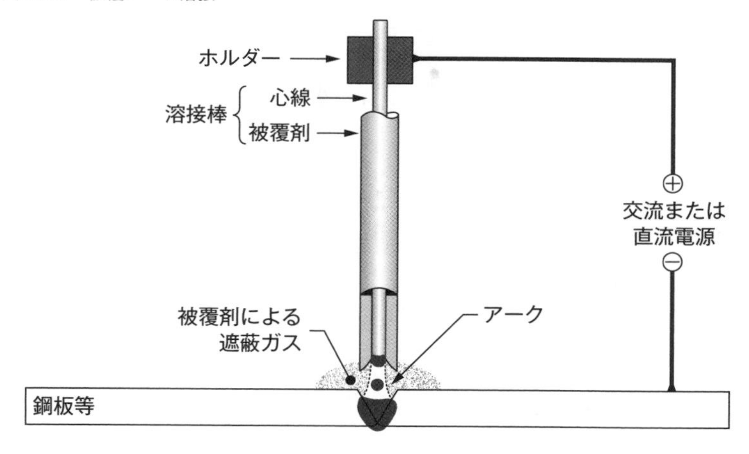

図6-2-3　GTAW溶接

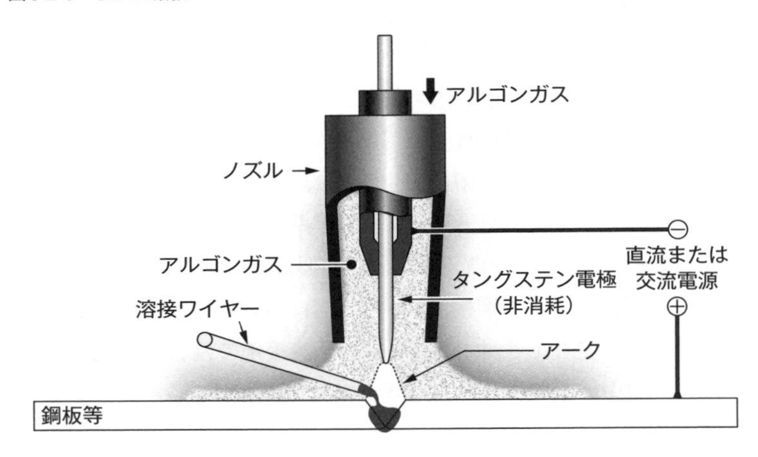

図6-2-4　GMAW溶接

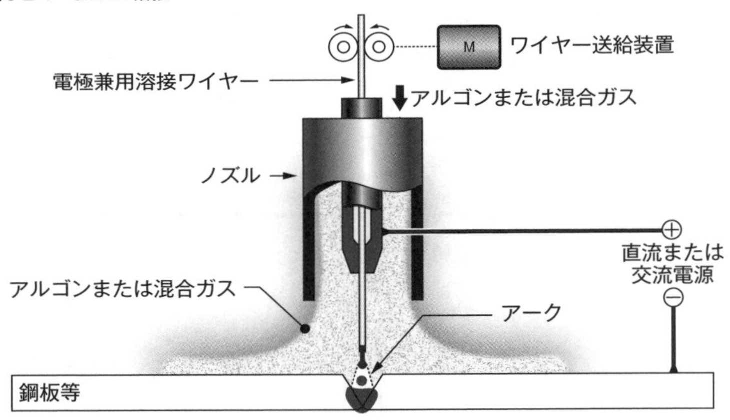

これらの溶接法は、専用設備と高い技量が要求されるため、非常に高コストになります。

また、耐圧殻の「真円度確保」は、深く潜航したときに深度圧で圧壊しないために不可欠な条件です。このため、数十mm厚の強度の高い鋼板を正確に円筒形状に曲げ、これらを、「溶接変形」を起こさないように円筒形に溶接して組み立てることが必要です。文字にすると簡単ですが、これは確かな技術力および長年の経験とノウハウの積み重ねによって初めて可能となります。

なお、潜水艦の建造においては、縦方向に輪切りした「部分円筒殻」に分割して製作し、順次繋いでいく工法が一般的です。部分円筒殻（ブロック）の段階で、大型機器（ディーゼルエンジン、AIP液体酸素タンクなど）を入れておきます。

図6-2-5 ブロック建造法

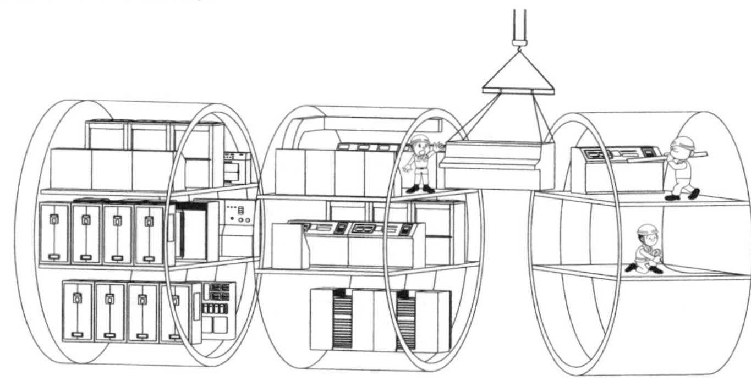

艤装〜高密度艤装技術と最適艤装技術〜

潜水艦の艦内（艦外も）は、機器がギッシリと詰まった状態です。そのため、その艤装には非常に時間がかかります。まさに、「経験に基づいたノウハウの固まり」だと言えます。

まず、基本は奥の方から順に機器を据え付けます。このとき、振動の発生源になる機器は防振ゴムで支持しますが、ゴム上で機器が揺れても他の機器に接触しないよう、ミリ単位の精度で固定します。更に、振動や衝撃を与えたくない電子機器についても、防振支持をするため同様の配慮をします。

しかし、手前の機器を設置してから、奥の機器に不具合が見つかって手直しをする場合などは、振り出しに戻って、もう一度「イチ」からやり直すことになります。

同様に、配管や配線は、それら同士が接触しないように、そして他の機器にも接触しないように敷設します。これがまた大変な作業なのです。配管においては、あらかじめ配管ルートを型取りして、「ベンダーマシン（配管曲げ装置）」で幾重にも曲げた配管を敷設します。

ところが、このように周到に準備して敷設しても、機器や構造に接触する可能性が見つかれば、やり直しです。

なお、配管の中には、小さな半径で曲げてはならないものもあります。その場合は、鋳物製の「多方継手」を使って、配管の方向を変えたり分岐させたりします。

この、高密度艤装を支える鋳物製品の調達に、異変が生じています。鋳物工場がどんどん海外に流出しているのです。国産化ほぼ100％を目指す日本の潜水艦にあって、ハイテクとは言えないものの、必要不可欠な技術が、日本国内で衰退していく状況があります。

配管に比べて電線はある程度フレキシブルなので、機器の間や構造のすき間に整然と丁寧に配線できます。ただし、電磁ノイズの影響を考え、「動力線」と「信号線」とは分けて、同種の電線をある程度束ねて配線します。また、機器への接続を間違わないように、各電線にラベルをつけておくことも必要です。

とはいえ、これらの機器の配置や配管、電線の敷設に関しては、最近では3D CAD＊を使うことで、設計の段階でほぼ100％、3次元での検討ができるようになりました。昔に比べると隔世の感があり、いわゆる“頭の中で3次元を想定”できる「匠」の世界からは脱却しつつあります。

図6-2-6　潜水艦の艤装の状況（発射管室）

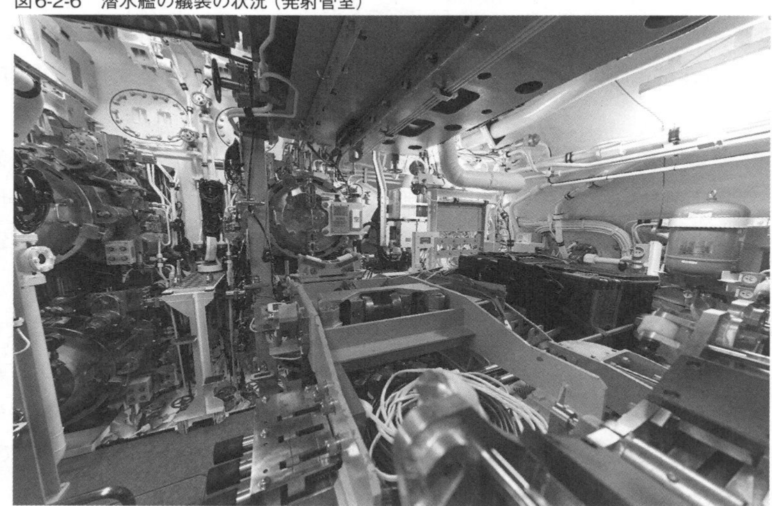

たいげい取材写真

＊**3D CAD**：図4-2-13、図6-1-1の3次元CAD図を参照。

6-3 品質保証技術（検査技術）

潜水艦の品質保証では、「安全であること」、「要求性能を満たしていること」などを確認するため、徹底的な検査を実施します。

耐圧殻の品質保証

潜水艦の品質保証は徹底しています。

まず、最重要構造である耐圧殻は、溶接部の「健全性検査」と「真円度検査」を実施して品質保証をします。

内圧・外圧を問わず一般に圧力容器は、溶接後の「応力除去焼鈍」、「水圧試験」を実施して品質保証をします。ところが、耐圧殻は大き過ぎて、「応力除去焼鈍」と「水圧試験」を行うのはコスト的に現実的ではありません。そこで、それに代わる品質保証の手段として、次の検査を実施します。最初の４つが溶接部の検査、最後が真円度の検査です。

◆溶接施工法承認試験

承認された溶接法と溶接条件で健全な溶接が得られることを、事前に小型の試験版で実証する試験です。試験後に溶接部の非破壊検査や引張試験などを実施します。

◆プロダクション試験

実際の溶接現場で、耐圧殻の溶接線の延長上に試験版を置いて、同じ条件で溶接を行い、健全な溶接が行われていることを実証します。

◆溶接部非破壊検査

耐圧殻（補強フレームも）を構成するすべての溶接継手を対象に、内部健全性を「RT」か「UT」、表面健全性を「MT」か「PT」で検査します。

◆溶接部遅れ割れ検査

公試運転の「最大安全潜航深度潜航試験」で、耐圧殻の溶接部に初めて最大応力が発生します。この潜航試験後に、溶接部の健全性を確認する検査です。

耐圧殻に使う高強度な鋼板は一般的に「遅れ割れ感受性」が高いため、溶接部遅れ割れ検査を実施します。「遅れ割れ」とは、溶接のときにわずかにトラップされた水素が、溶接部に発生する応力や内在する残留応力で徐々に割れを引き起こす現象です。

◆真円度検査

真円度に関しては、耐圧殻および耐圧殻に付着する主要構造が完成した段階で、各断面の真円度検査を実施します。艤装工事が進むと、装備品などが邪魔になって正確な検査ができないからです。

この検査で基準値から外れる断面が見つかっても、修正は不可能です。そのため、耐圧殻板の曲げ、これらを組み立てる溶接などの各段階で予備チェックを行い、完成後の真円度が確保できるようにします。「どのように組み立てたら真円度が確保できるか」は、経験とノウハウの蓄積です。まだまだ、理論的かつ解析的に対処できる分野ではありません。

非破壊検査（RT、UT、MT、PT）

潜水艦の主要素材や溶接継手に対して内部健全性や表面健全性を確認するため、以下の検査が実施されています。

①放射線透過試験（RT：Radiographic Testing）

この試験は内部健全性を確認するものです。人間のレントゲン検査と同じ原理です。そのため、撮影装置を現場に持ち込む必要があります。撮影したフイルムを現像して、内部に亀裂や「空洞（ブローホール）」といった欠陥があれば、影となって現れます。UTと違って、欠陥の表面からの深さはわかりません。

②超音波探傷試験（UT：Ultrasonic Testing）

この試験も内部健全性を確認します。接触子を検査対象の表面に当て、超音波を使って亀裂や空洞を調べます。内部に亀裂や空洞があれば、反射でその存在とその表面からの深さがわかります。

③磁粉探傷試験（MT：Magnetic Paritcle Testing）

磁性のある鋼板等に対し、その表面健全性を確認します。表面に亀裂があればそこに磁粉が集まり、確認できます。

④浸透探傷試験（PT：Penetrant Testing）

磁性、非磁性にかかわらず、表面に亀裂があれば確認できます。

特殊な浸透液が亀裂に毛細管現象で入り、亀裂があれば濃くなって、色のついた線が現れます。そのため、この浸透液あるいは検査自体を、カラーチェックとも呼びます。

陸上試験、艤装工程中試験、海上試験

潜水艦の建造過程では、多くの試験（検査）が実施されます。海上自衛隊に引き渡す前に最後の試験として実施されるのが「海上公試運転（シートライアル）」です。この試験では、実際の海域において、水上やスノーケル、水中などあらゆる場面で各システムの総合組み合わせ試験を行います。

多くの関係者が乗艦するので、このとき作動不良や故障が起これば、大事故になりかねません。特に「初めて潜航するとき」、「初めてスノーケル航走をするとき」、「初めて最大安全潜航深度まで潜るとき」などは、入念な準備をするものの、緊張が走る場面です。

また、公試運転でトラブルや想定外の振動・雑音が発生した場合、その原因究明や機器故障の対策に多大な時間がかかります。高密度艤装された機器を分解点検する作業では、周辺の機器をバラしてイチから艤装をやり直すことになりかねません。これを避けるため、工程の途中で様々な試験を実施しています。

まず、機器の搭載前に陸上でその性能をチェックする陸上試験です。次に、これらの機器を艦内外に艤装した後、配管・配線工事の進捗に合わせて、作動チェックを、「艤装工程中試験」と称して実施します。さらに、艤装が完了した段階で、システムとしての作動試験を実施します。

このぐらい手順を追って徹底的な検査を実施したうえで、海上公試運転に臨みます。

潜水艦の品質保証システム

防衛省仕様書（DSP）では、材料・部品検査、工程中検査等に関して、直接監督・検査方式に加え、品質証拠監督・検査方式で実施することを規定しています（その他、国の機関等が検査して品質を保証する資料監督・検査方式もあります）。また、1998年からはこのDSPに加えISO規格を適用することも可能となりました（ただしISOで不足分があれば不足分を付加します）。

潜水艦では長らく直接監督・検査方式で実施していましたが、1980年代以後は防衛省仕様書（DSP）に基づき、多くの検査を品質証拠方式で実施しています。

なお、潜水艦の品質証拠方式ではISOの認定によらず、潜水艦の詳細仕様に合わせた個別の防衛省向け手順書に基づいて実施しています。潜水艦の検査仕様が詳細多岐にわたっているからです。

6-4 潜水艦技術を支える企業群

潜水艦の設計や建造、メンテナンスは、多くの企業の技術力に支えられています。これらの企業の維持が、日本の安全保障にとってとても重要です。

潜水艦を支える企業群の特殊性とその維持の方策

日本で潜水艦を設計・建造できる企業は、「三菱重工業」と「川崎重工業」の2社だけです。いずれも、20世紀初頭の潜水艦黎明期から、帝国海軍ならびに戦後の海上自衛隊と共に100年以上の歴史の中で、技術力を培ってきました。

海外でも自国で潜水艦を設計・建造できる国は、日本とほぼ同じで国内にメーカー1～2社（米国は2社）が存在するのみです。それは、「建造数が限定的」かつ「ノウハウの蓄積と経験工学に依存する」ことから、新規参入が困難なためです。日本の2社は競争と協調の関係にあり、切磋琢磨（せっさたくま）しながら海上自衛隊を支えています。

一方、この2社を支える機器や部品、加工メーカーは、2次下請けまで含めると6,000社を超えます。これらの企業群が、防衛省の新たな技術開発に協力して、完成後の潜水艦のメンテナンスも受け持ちます。

故障があればオンコールで艦に駆け付け（海中での任務中は駆け付けられませんが）、運用の障害にならないよう直ちに修理を行います。自国で潜水艦の設計・建造ができるということは、このような企業群を維持し、潜水艦をあらゆる面で支える仕組みが必要です。従って、潜水艦を自力で設計・建造できる国には、技術先進国としてのプレゼンスが与えられることになります。

一方、潜水艦を輸出するということは、このような仕組みも含めて輸出することであり、単なる輸出とは異なります。

なお、日本の場合は一部の武器システムなどを除き、ほぼ100％の国産率です。機器を輸入する場合も、ノックダウン方式の採用などで、オンコールメンテナンスを可能にしています。

さて、潜水艦を支えるこれらの企業群は、今後、どうなっていくのでしょうか。6,000社を超える企業群が今後も事業を継続していけるのでしょうか。

潜水艦を支える企業は、建造所2社、装置メーカー、加工メーカー、部品供給メーカーに大別されます。それぞれが、潜水艦用としての特殊な仕様・精度でごく少数（限定的）の供給とその後のメンテナンスに対応を迫られています。野球でたとえれば、レギュラーに対して即刻ピンチヒッターを送り込まなければなりません。建造所や大手装置メーカーは、艦艇事業部のような組織をつくって、個別に適正な原価管理を行うようにしていますが、加工メーカーや部品供給メーカーは中小企業が圧倒的に多く、仕様や精度の異なる汎用品との協業が困難な状況です。これからの潜水艦の建造技術を守り発展させる前提として、それを支えるメーカーの維持のためには、次のような施策が必要だと思われます。

- **2社体制の維持（建造所のみならず、装置メーカー、加工メーカー等も2社体制が望ましいですが、なかなかそうはなっていません）**
- **汎用品（COTS化）の適用拡大（民生品の進歩の取り込みとコスト低減のため）**
- **メーカーが生き残るための適正な利益確保（2022年12月の防衛3文書で「防衛生産基盤の強化」にこの内容が織り込まれています）**
- **生産性向上*によるコスト低減（防衛予算の制約に対応）**

特に、加工メーカーのほとんどは従業員が数人から数十人の規模が多く、これらの維持が非常に重要だと思われます。

裏を返せば、他国の潜水艦保有国でも、このような企業群が存在し機能していなければ、潜水艦の稼働率がぐんと低くなるということです。

図6-4-1　潜水艦の建造・メンテナンスを支える企業群

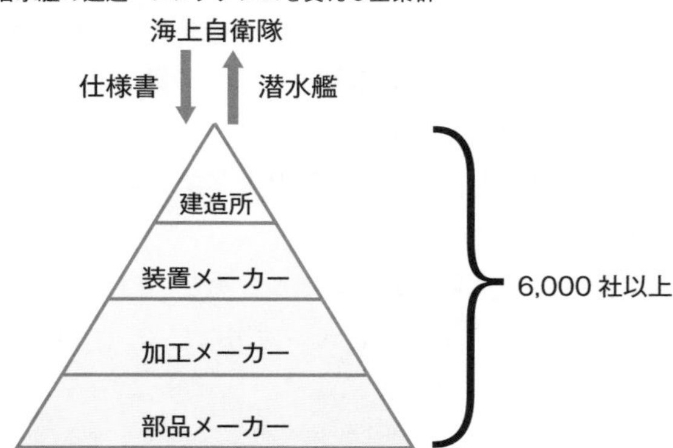

* **生産性向上**：暗黙知の形式知化による自動化、システム化、3次元CAD 化等。

Chapter 7

最新鋭の潜水艦を寿命期間中どう維持するか（メンテナンス、改造）

7-1 潜水艦のメンテナンス

潜水艦のメンテナンスは、稼働率に影響します。どんなに素晴らしい潜水艦でも、いざというときに故障で出港できなければ、本当の戦力にはなりません。日本は、このメンテナンスにも真剣に取り組んでいます。

どんなメンテナンスをするの？

外国の潜水艦では、故障が多く、「ほとんど稼働していない」という話がよくあります。これは、ほとんどがメンテナンスに関する問題です。

メンテナンスの考え方には2通りあります。「故障に関係なく定期的にメンテナンス（健全性のチェックも）するやり方」と、「故障に応じて（故障してから）メンテナンスするやり方」です。これは、故障したときの影響度とメンテナンスコストで決定されます。

潜水艦の場合は、「正常に作動しないと大事故になる可能性がある」機能が多いので、通常は定期的なメンテナンスを選択します。

また、潜水艦を取り巻く環境は過酷です。塗装の劣化による腐食の進行、海水をせき止める箇所（シール部）の劣化、摺動部の磨耗、更に経年劣化はいたるところで起こります。そのため、耐圧殻を中心とした船体構造ならびにそれぞれの機器に、膨大なメンテナンス項目とそのインターバルが設定されています。それらを3年毎の定期検査（定検）と1年毎の年次検査（年検）で実施することになっており、それぞれで実施する検査項目・換装項目は、詳細な検査仕様で定められています。蓄電池、ラバーウィンドウ等、寿命のある機器の換装や防振ゴムの交換等は、寿命設定された期間内の定期検査で実施します。

潜水艦では通常、搭載機器のメンテナンスを機器メーカーが担当し、それ以外のメンテナンスはすべて建造所が担当します。

まず、船体構造は主として腐食のチェックを行い、必要な塗装を行います。腐食の激しいところは構造を取り換えることもあります。船体表面は比較的楽ですが、二重構造の耐圧殻外面や、搭載機器がビッシリと配置されている艦内構造は容易ではありません。

耐圧殻は腐食しても交換できないので、腐食で板厚が減少した箇所は溶接で肉盛りして板厚を復旧することもあります。

建造所泣かせの工事もあります。サニタリータンク（4-2項参照）も立派な耐圧タンクなので、タンク内面の健全性検査や塗装が必要ですが、きれいに洗浄してからとはいえ、サニタリータンクの中に入って作業する人は気の毒です。

次に、搭載機器や配管、配線部分の検査は、建造時の艤装工事と逆で、手順良く順番に取り外していきます。そして、検査をした後で、また順番に復旧します。まさにジグソーパズルです。

搭載機器の検査に関しては、外国製の機器であっても、日本のメーカーがその機器の技術を習得してメンテナンスできるようにしています。

また、潜水艦で使う多くの電動機が交流化（4-5項参照）していますが、運用中の潜水艦では、まだ直流電動機が使われています。そのため電動機メーカーは、潜水艦から直流電動機がなくなるまで、直流電動機の整備ができるエンジニアを確保し、部品製造ができる体制を維持します。

このように、技術革新で新たな機器が採用されても、古い機器が存在する限り、そのメンテナンスが必要なのです。

日本の潜水艦の稼働率が高いのは、こういったメンテナンスの仕組みとノウハウのたまものだとも言えます。一方で、潜水艦を輸出するということは、その搭載機器も現地でメンテナンスできる仕組みをつくらなければならないということです。

バスタブ曲線、MTBF

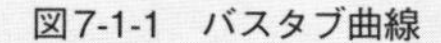
図7-1-1　バスタブ曲線

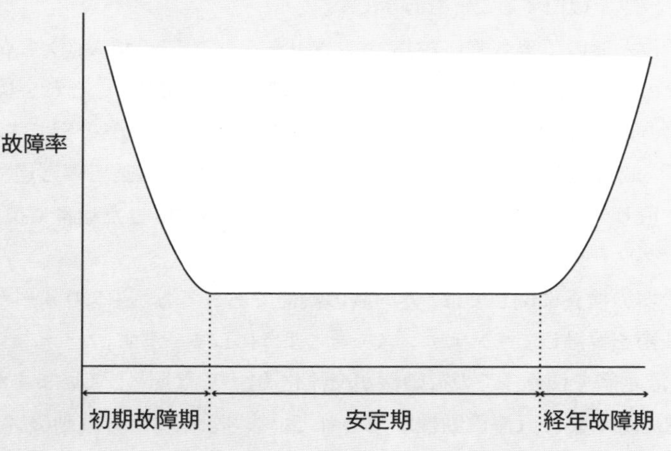

いろいろな工業製品は、必ず故障やトラブルが発生します。故障やトラブルの頻度を示したのが図7-1-1のバスタブ曲線です。

最初頻発したトラブルが急速に減少して、やがて安定期に入りますが、そのうちに経年劣化で故障やトラブルが増えてきます。人間がつくった工業製品である以上、程度の差こそあれすべてに当てはまります。

潜水艦のように、最高の技術と品質で開発・設計・建造された構造や機器の場合にも当てはまります。新たに開発された構造や機器を採用した場合は、この初期故障やトラブルを覚悟して取り組まなければなりません。安定期後のトラブル増加に対応するため、信頼性工学の「MTBF」があります。MTBFは「Mean Time Between Failure（平均故障間隔）」の略で、故障から故障までの平均的な時間を示します。機器やその構成部品毎にMTBFが存在します。潜水艦においても、バスタブ曲線やMTBFの考え方を用いて、安全・確実に運用できるようメンテナンス要領（主として定年検実施要領）を設定して取り組んでいます。

コーサル

定期的なメンテナンスをどれだけしっかり行ったとしても、行動中に故障やトラブルが発生します。任務中の潜水艦の場合、オンコールでJAFを呼ぶといったことができないので、「予備品（部品、基盤など）」や「要具（機器を分解するのに必要な特殊な工具など）」を、経験的に定められた数量だけ艦内に保有しています。これらを収納する倉庫を「コーサル倉庫」と呼びます。

コーサル（COSAL）はCoordinated Shipboard Allowance Listの略語で、水上艦と潜水艦の共通用語です。

7-2 寿命期間の性能維持、向上

建造時には最新鋭でも、20年を超える運用期間で技術は徐々に古くなります。古くなった潜水艦に新しい技術をどのように吹き込むかは、かなり難しい問題です。更に、長い運用期間中に機器などは徐々に劣化してきますが、これを「どうやって食い止めて安全性や信頼性を確保するか」も重要な問題です。日本では、これらにどう取り組んでいるのでしょうか。

日本の潜水艦の隻数と寿命との関係

防衛大綱で潜水艦の隻数を22隻と規定し、更に2隻程度の練習潜水艦が稼働しています（防衛3文書には、更に試験潜水艦の構想も含まれます）。日本の現在の潜水艦建造能力としては、三菱重工業と川崎重工業が毎年交互に1隻ずつ竣工させているため、寿命を22年以上確保できれば隻数が維持できることになります。防衛大綱で22隻と規定される前は16隻と規定されており、寿命も約16年でした。従って、潜水艦の寿命は16年から22年に延長とされたわけです。定検や年検でメンテナンスしても、すべての箇所で安全性が担保できているわけではないため、「寿命期間中に徹底的な検査と安全対策をする」あるいは「途中で最大安全潜航深度を浅くして安全性を確保する」という選択肢があります。現在の日本の潜水艦は前者を選択しており、建造時の仕様を寿命期間中維持するため、寿命期間途中で徹底した検査と安全対策を行う艦齢延長工事を実施しています。

とはいえ、最先端の技術を集積した潜水艦でも22年間も同じ仕様で使い続ければ、その技術が陳腐化してくる可能性があります。そのため、寿命期間の途中で一部機器の機能・性能の向上を図ることは可能です。これをバックフィットと称しています。

艦齢延長工事

・耐圧殻の腐食検査と健全性確保：通常の定検では腐食検査をしない発射管貫通部、タンクの隅部等も
・チタン管を除く高圧配管の換装
・高圧鋳物接続片の換装　……など

鋳物接続片は、潜水艦では多数使用されています。流れを分岐させたり流れの方向を変えたりする金属部品ですが、狭隘な場所に装備できる形状にするため鋳物として製作しています。鋳物は、製作時に表面に亀裂がないことを確認していますが、表面直下にある「引け巣」と称する製造時の亀裂が残存している可能性があり、高圧での使用による経年劣化で亀裂が貫通してしまうリスクがあります。このリスクに対処するため、高圧の接続片の換装を行うものです。

図7-2-1　鋳物接続片

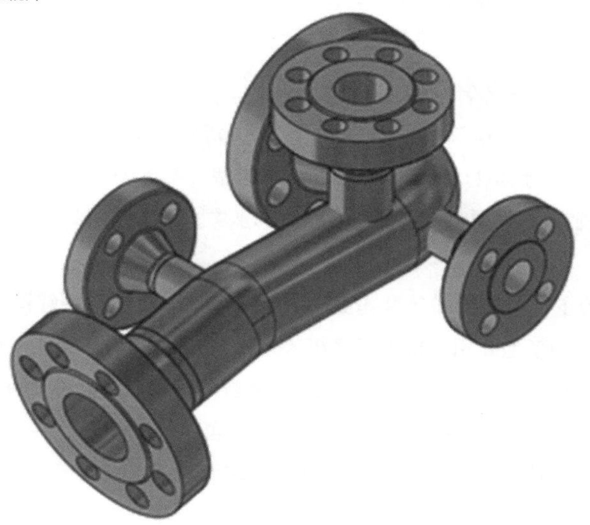

図7-2-2　配管の様子（たいげいの発射管室）

たいげい取材写真

改造、バックフィット

日本の潜水艦は10年毎（同型艦約10隻）に新型となっています。民間航空機は数百〜千機、自動車は数万〜数十万台が同型であるのに比べれば少ないものの、やはり一定数の同型艦は必要だと思われます。その理由は次の通りです。

- 潜水艦用の主要な技術開発は約10年を要します。新型艦が建造される頃に約10年先の次の新型艦用の技術開発がスタートする、というイメージです。
- 艦毎に少しずつ機能・性能が変わると、乗員は特定の艦のみに習熟し、その艦だけしかオペレーションできないといった問題が生じます。
- 建造所（および機器メーカー）は、新型艦になると設計や建造（製造）に多大な時間やコストが必要です。10艦（建造所両社で5艦ずつ）程度の同型艦がないと、習熟に伴うコストダウンが望めません。
- メンテナンス技術も、10艦程度が揃わなければ習熟度が上がりません。

新型艦を10年間毎年1隻建造して寿命が約22年とすれば、30年以上はその同型艦が残存することになります。新型艦の仕様が決定されるのはその竣工の5年以上前ですから、新型艦の仕様はその同型艦の寿命末期の35年以上前に、当時の技術で定められたことになります。技術が年々進歩する中、そんな状況でよいものでしょうか。基本的には当初の仕様のまま使われ続けることが多いのが実態です。ただし、その間の改造やバックフィットは次のような考え方で実施されるようです。

・基本システムや大型機器の改造は、基本的には実施しません。艦の重量重心、浮量浮心に影響する改造は実施しないということです。従って、基本システムや機械装置の技術進歩は寿命期間では織り込まれていません。
・ただし武器システムの分野では、戦略上または戦術上、最新技術に換装することが必要と認められた場合は、改造を実施することがあります。例えば、対艦ミサイル（ハープーン）搭載（ゆうしお型）、曳航型アレーソーナー（STASS）採用（ゆうしお型）等です。ただし、同型艦全部の改造は予算次第で直近の定検で順次実施されていきます。
・自動化、システム化された電子機器は、民生品の分野で進歩している半導体や電子部品を極力適用していますが（COTS化）、同型艦で採用されたものが30年以上にわたって供給される可能性は極めて低いので、これらの進歩に従って新しい半導体や電子部品に換装することになります。この時点で、その機器の仕様を見直さざるを得なくなることもあります。

このように、最新技術を駆使した新型艦が竣工しても、全体ではその1世代前、2世代前の潜水艦も運用されており、それらへの最新技術へのフィードバック（改造、バックフィット）がすべて行われているわけではありません。ただし、おやしお型、そうりゅう型とも順次改修は進んでいます。それぞれの艦の仕様に鑑みて、運用でカバーしながら最善の戦力にしているという点で、各国ともほぼ同じ状況のようです。

ただし、安全保障環境が変化して、数艦にしても新たな能力が必要になった場合（例えばスタンド・オフ機能としてトマホークの搭載・発射等）、それらの技術を反映した新型艦をつくるか既存艦を改造するかの選択が必要となります。

504「けんりゅう」(そうりゅう型)

写真提供：海上自衛隊

Chapter 8

潜水艦技術の応用編
～ここでも潜水艦技術が活躍しています～

8-1 潜水艦に事故が起こったら ～救難技術、ダメージコントロール～

もし、潜水艦に事故が起こったら——。日本の潜水艦は、海中で「浮上困難等の事故が起こったときの救難（救難技術）」、様々な事故が発生したときに「安全側になるように配慮された設計（ダメージコントロール）」等に多くの配慮がなされています。

救難とダメージコントロールの概要

最近の潜水艦は信頼性が向上し、安全性にも様々な配慮がなされています。だからといって、絶対に事故が起きないという保証はありません。

図8-1-1　脱出筒内配置

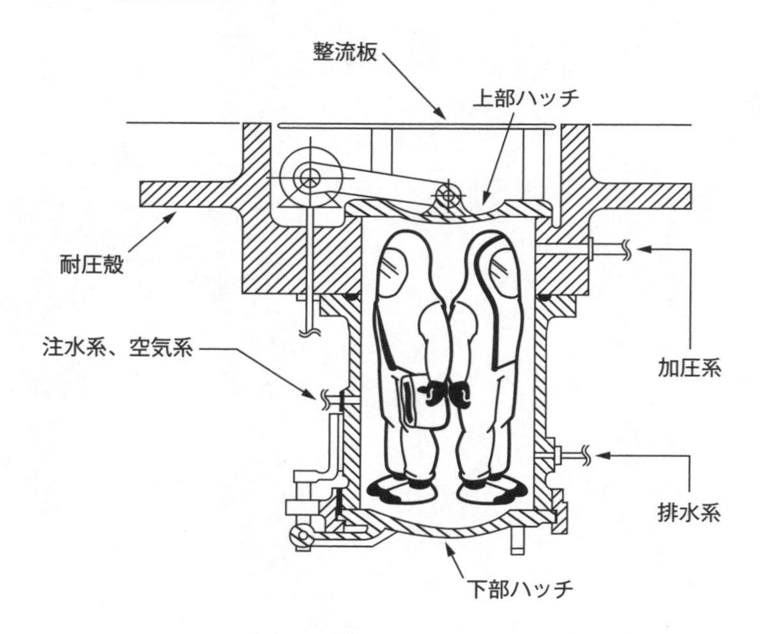

事故や故障が起きても、浮上ができて一定の予備浮力が確保（耐圧殻上部が海面上に出る）できれば、ハッチを開けて乗員が脱出することができます。ところが、衝突による浸水や重大な故障で浮上できなくなる事態も考えられ、浮上困難で海底に沈座してしまった潜水艦に対しても救難手段を準備しています。ただし、耐圧殻が圧壊する（最大安全潜航深度×耐圧殻安全率）深度以上に沈んでしまえば、乗員を救出する方法はありません。それでも、深い海で狭い耐圧殻の閉鎖環境にいる乗員にとって、救難手段があるということは、なにがしかの安堵感に繋がっていると思われます。

ただし、いずれの方法も技術的に高度であったり、体へのリスクがあったりで、そう簡単なものではありません。

まず、沈座潜水艦から乗員が脱出するための通路となる脱出筒から説明します。

日本の潜水艦には、脱出筒が前後２か所に設置されています。これは、艦尾か艦首の区画が浸水していても、どちらかが使えるようにという配慮です。また、この脱出筒は乗員や物資の出入り口（昇降筒）を兼ねており、通常はそちらの用途で使われます。脱出筒は耐圧殻を貫通していて上下に耐圧ハッチがあり、下部ハッチは耐圧殻内に連結しており、上部ハッチはそのまま海中に直結しています。両ハッチ間の脱出筒内部には「注排水装置」と「加圧均圧装置」などがあり、艦内側の圧力に均圧したり、艦外側の圧力に加圧したりできるようになっています。

次に脱出の方法について説明します。

ダイバーみたいに潜水艦から飛び出していく方法

艦外側のハッチが閉じた状態で、艦内側ハッチを開き、脱出筒に乗員が入ります。続いて艦内側のハッチを閉じ、脱出筒に注水して艦外圧力に加圧・均圧し、艦外側のハッチを開いて外に飛び出します。乗員は外圧にさらされたまま浮上します。

この方法は、深さがせいぜい数十ｍ程度の浅いときしか使えません。それ以上深いと、人間が深度圧に耐えられないからです。ただし、数十ｍ程度の深度でも、よほど訓練していないと鼓膜障害や潜水病にかかってしまいます。運よく浮上しても、気絶してそのまま溺れることがあり、リスクが高い方法と言えます。

このリスクを少しでも軽減するのが、脱出時に装着するスーツです。以前は、フード状で頭から胸の辺りまで被って、そこだけ空気で外圧にあらかじめ均圧して脱出していました（スタンキーフード、図8-1-2）。このスーツは、海中で空気呼吸ができます。

最近は、全身を納めるスーツ（MK-10、図8-1-3）が開発されています。このスーツも、着用した後、やはり外圧に均圧して脱出しますが、浮上後に浮力のある筏（いかだ）が展張するようになっています。これで、リスクがかなり低減されるようになりました。

図8-1-2　スタンキーフード

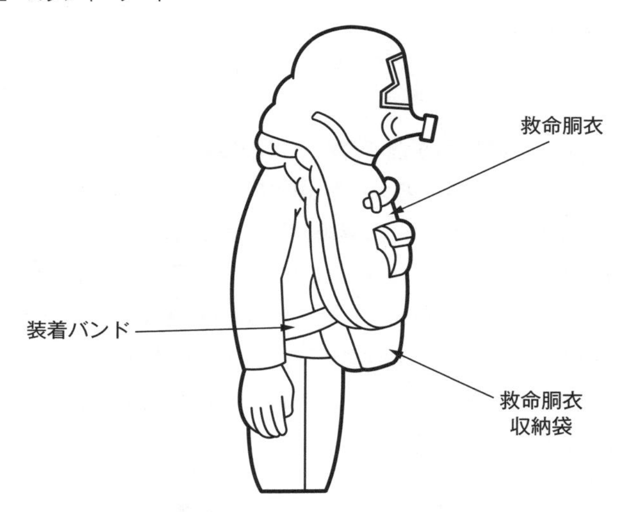

図8-1-3　MK-10

図8-1-4　直接脱出方式

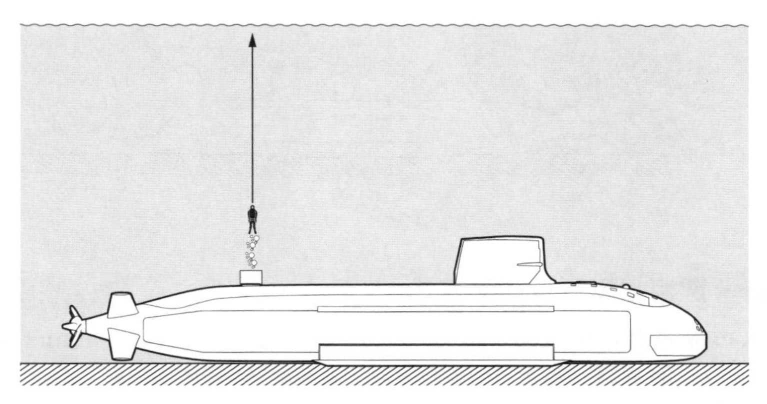

ダイビングベル方式

釣り鐘状の装置（ダイビングベル）を救難艦から吊り降ろして、脱出筒との「メイティング」（人が出入りできる開口部どうしが接合する）をさせ、艦外側のハッチを開けて乗員を収容する方法です。この方式では、索で繋がれた救難ブイが潜水艦側に装備されており、この救難ブイを海面まで浮上させて、索をガイドにダイビングベルを降ろします。

ダイビングベル内には空気やヘリウムで加圧された空間があり、乗員が呼吸できるようになっています。しかしながら、この方式を用いて波のある海上で潜水艦の乗員全員を救出するのは、かなり困難な作業です。しかも、「減圧症」にかかるリスクもあります。実用性と確実性の観点から、この方式の採用は見送られつつあります。

図8-1-5　ダイビングベル方式

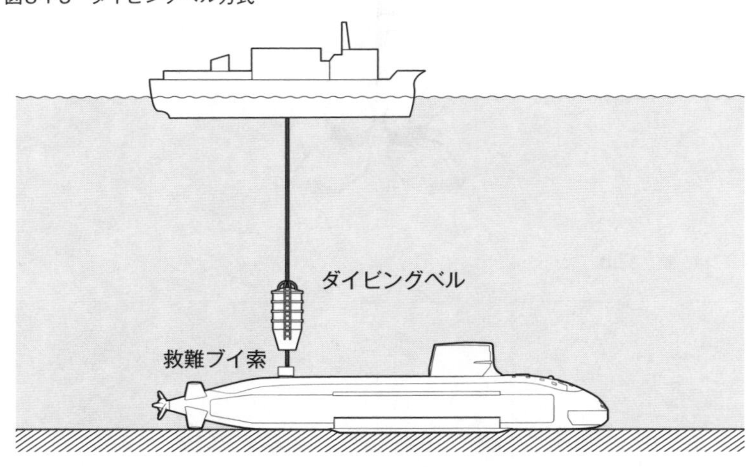

深海救難艇DSRV方式

有人の救難艇が直接助けに行く方式です。DSRV（Deep Submergence Rescue Vehicle）は米海軍が開発した有人救難艇で、沈座潜水艦の脱出筒に直接メイティングし、潜水艦乗員を救難艇内に収容（10～15人程度／1回）して浮上することを繰り返し、全員を救出するものです。最も確実で安全な救難方式ですが、高度な技術と膨大なコストがかかります。

米海軍の守備範囲は全世界に及ぶため、この方式を常時機能させるためには、潜水艦に事故があったらDSRVを世界中のどこへでも輸送（空輸＋海上輸送）する必要がありますが、コストパフォーマンスの観点から現在では既に廃止されています。

一方、日本は2隻のDSRV（川崎重工業製）と専用救難艦（建造時：三井造船、現、三菱重工マリタイムシステムズ）を保有しており、周辺国と共同で救難訓練も実施しています。

このように、救難に関しては太平洋や大西洋といった海洋毎に各国が救難協力する仕組みができています。

ただし、現在のところわが国と同等のDSRVシステムを保有する国はなく、コストのかかる有人救難艇を無人機で代替する動きとなってきています。技術の進歩で、この高度な技術も無人化の時代になりつつあります。

なお、潜水艦の救難を容易にするため、潜水艦の脱出筒の上部構造は、基本形状が標準化されています。

図8-1-6　深海救難艇DSRV方式

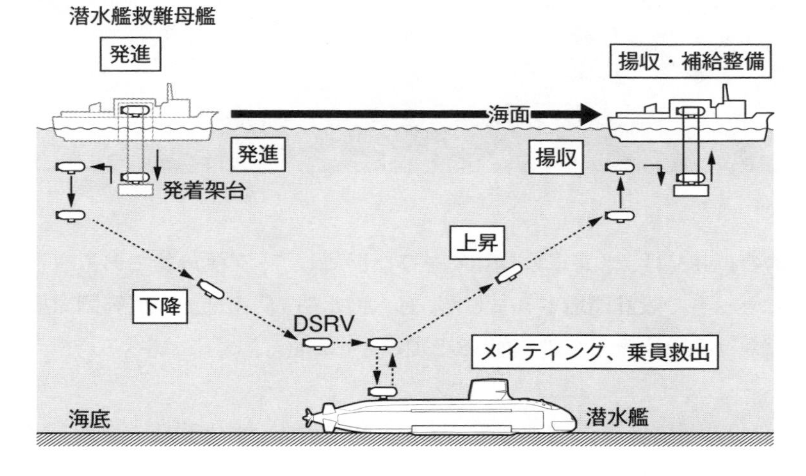

日本のDSRV

図8-1-7　潜水艦救難艦「ちはや」のDSRV

写真提供：川崎重工業株式会社

日本のDSRVは、米海軍のDSRVをひな形にして、支援母船である潜水艦救難艦とセットで設計建造されました。有人潜水船（例えば海洋研究開発機構の「しんかい6500」）としての機能（8-2項参照）に加え、以下に述べる特徴があります。

図8-1-8に示すように、3連球+スカート球で構成された耐圧殻を備えています。前部球は操縦室、中部球は潜水艦乗員の収容区画、後部球は機械室の機能を有し、スカート球は潜水艦の脱出筒にメイティングして潜水艦乗員の脱出通路となります。

図8-1-8 DSRV配置図

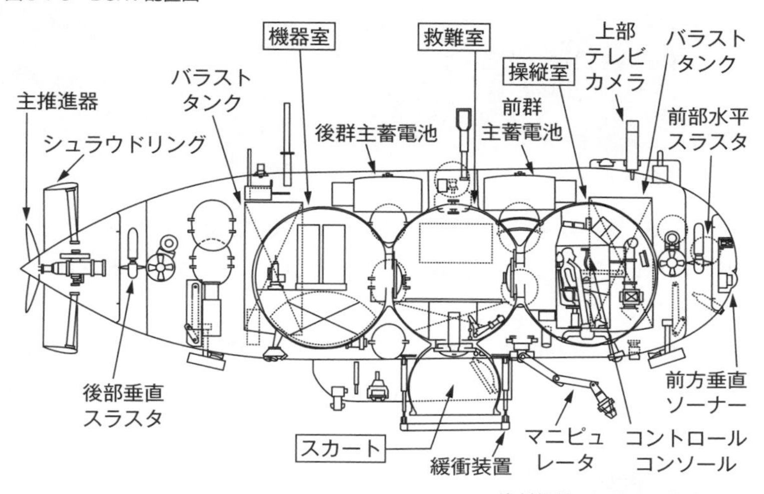

資料提供：川崎重工業株式会社

浮上できない潜水艦が、潮流の中、いろいろな傾斜で沈座していることを想定し、潮流下でその傾斜に合わせてメイティングできるよう、傾斜角度保持機能付き自動操縦装置を備えています。

潜水艦の脱出筒にランディングした後、直ちに接触部のシールを確保してスカート球内の海水を排水し、潜水艦の艦内の圧力に均圧して、潜水艦乗員を艦内と同じ気圧で中部球に収容できる機能を備えています。

潜水艦が網やロープに絡まっている場合を想定し、邪魔なものを切断・除去するためのマニピュレータを装備しています。

何回も往復して救助するので、救難母艦への着水揚収作業を確実に短時間で行う必要があります。そのため、DSRVが波浪の影響の少ない水中で発着できるよう、水中クレードル（ゆりかご）発着方式を採用していて、救難母艦のセンターウェルからブランコ状の架台を吊り下げ、ここでDSRVが発着できるようになっています。また、架台からDSRVが落ちないよう、自動固定装置も完備しています。

更に、他の有人潜水船と同様、救難母艦からDSRVを常時音響測位して、お互いに水中通話ができるようになっています。

8-2 潜水艦以外の船

潜水艦以外で、海中に潜る船を「潜水船」(有人)、「潜水機」(無人) と呼びます。海中に潜る船にはどんなものがあるのでしょうか？　ここでは、潜水船や潜水機を紹介します。

潜水船や潜水機の主な用途は、海中・海底の調査観測や特定の作業 (海中機器の設置・メンテナンス、海中生物・海底資源の採取、機雷の処分等)、水中観光などです。

これらは潜水艦の技術がベースになっており、潜水艦と共に進歩していますが、この分野独自の機能や技術もあります。非軍事である潜水船・潜水機に関する技術解説書は多数あるので、ここでは、潜水艦とは異なる技術に絞って簡単に説明します。

有人潜水船

過酷な環境であるがゆえに、ロボットがその任務を担うのが望ましいのですが、自動化や無人化に必要なコンピューターや制御技術が伴わない段階では、潜水艦と同様に有人の潜水船がまず誕生してきました。

ただし、有人潜水船は「非常に高コスト (有人のための機能など)」、「リスク (事故で浮上不能) がある」、「運用上の制約 (潜航時間は長くて10時間程度)」、海中での画像 (ビデオ画像) の支援母船への「連続的なリアルタイム送信が困難 (画像を音響で送る以外に方法がない)」などの理由から、技術の進歩と共にどんどん無人機に移行しています。

現在、有人潜水船の中でも「大深度型」を保有する国は、米国、フランス、ロシア、中国、オーストラリア、日本で、潜水艦の設計・建造が可能な国と重なります。

深度数千m以上に潜航できる潜水船は、国家的プロジェクトとして開発・運用されています。

日本では、「JAMSTEC（海洋研究開発機構）」が国家予算で1990年に「しんかい6500」（三菱重工業製）と支援母船「よこすか」（川崎重工業製）」をセットで開発・建造し、現在も活躍中です。

「しんかい6500」の詳細に興味のある方は、JAMSTECのホームページや多数出ている解説書を見ていただくとして、ここでは、潜水艦技術との違いを説明します。なお、前項のDSRVの説明も参照してください。

図8-2-1　「しんかい6500」と支援母船「よこすか」

写真提供：海洋研究開発機構

図8-2-2　「しんかい6500」の配置図

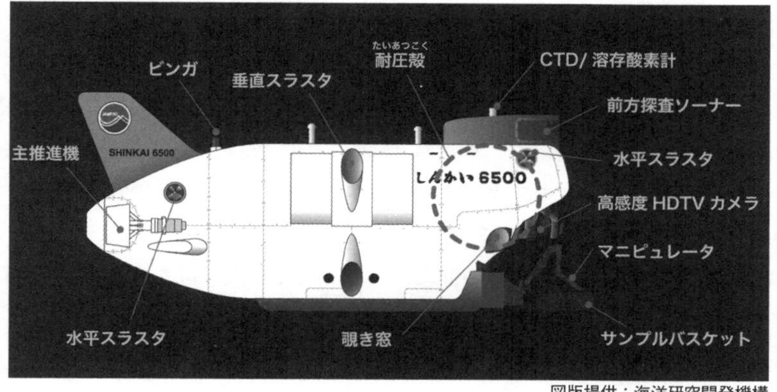

図版提供：海洋研究開発機構

潜水船は潜水艦と違って軍事的に多機能である必要がなく、通常はパイロットと研究者（観測者）の合計3人で潜航できれば良いので、小型軽量です。所要エネルギーの観点からも小型軽量が望ましいため、徹底的な小型軽量化が図られています。潜水艦の数千トン規模に対して、「しんかい6500」はわずか約25トンです。

わずか3人が乗るだけですが、「生命維持装置（酸素補給、CO_2除去）」は潜水艦と同様に必須です。ただし、潜航時間が短いので普通はトイレやサニタリータンクは装備しません。しかし、生理的にどうしてもというときに備えるもの（例えば小型の仮設トイレ）を持参します。また、食事も短時間潜航なので調理場や器具はなく、弁当持参で乗り込みます。

速力はせいぜい数ノットで、常用は1〜2ノットと極めて低速です。これは、広い範囲の哨戒や攻撃されたときの回避行動が必要な潜水艦に比べ、ピンポイントでほとんど静止して調査観測・採取をするため、速いスピードは必要ないということです。

動力源すなわちエネルギーは、一部の実験的な潜水船を除いて、潜水艦と同様にすべてを2次電池で賄います。ただし、潜水艦とは違って、充電する機関は備えていません。潜水艦では現在、鉛電池からリチウム電池に置き換わる過渡期ですが、潜水船の場合は重量比・体積比で蓄電効率の良い2次電池がどんどんと使われています。「しんかい6500」でも、建造当初は「酸化銀亜鉛電池」が使われていましたが、現在はリチウム電池です。

潜水船は、海底に近づいたら「海流があってもほぼ静止（ホバリング）」、「その場で回頭」、「ちょっとだけ横移動」などと、潜水船ならではの操縦が必要です。従って、パイロットの負担軽減や操縦の精度向上のため、潜水船用の自動操縦装置が必要になります。目標値に対して、位置や方位、姿勢、速度などのセンサー情報をもとに、「スラスタ（主スラスタ、補助スラスタなど）」を作動させます。潜水船の場合は低速での運用なので、潜水艦のような舵は効果がありません。そのため、主推進器である主スラスタの他に、その場回頭や横移動をするための補助スラスタを複数配置しています。

潜水船は、パイロットも同乗者も直接外を見て仕事をします。そのため、樹脂でできた透明な覗き窓、暗黒の海底を照らすサーチライト、観察したものを記録するビデオカメラを装備しています。これらは潜水艦にはないものです。

目標とする深度に到達するために、潜水艦は中正浮力の状態をつくってプロペラと姿勢角で深度変換しますが、潜水船は「負浮量（海中での浮力<重量）」にして、海中を自由落下で沈降します。そのため、潜航時に負浮量にする目的で「バラスト（おもり）の鉄板（1トン程度）」を保持して沈降します。目的の海底近くに達したら、バラスト（おもり）を約半分ほど切り離し、重量と浮量の釣り合った「トリムよし」の状態（海中での浮力≒重量：中正浮力）をつくって、所定の調査観察を行います。

浮上のときには残りのバラスト（おもり）を切り離し、「正浮量（海中での浮力>重量）」の状態をつくって浮上します。このとき、推進用の動力は使いません。すなわち、沈降でも浮上でも推進用の動力は使わない、ということです。この方法では、動力を使って深度変換を行うよりはるかに少ないエネルギーしか消費しません。ただし、沈降と浮上に時間がかかる他、浮上の途中で忘れ物をしたからといって海底に戻ることはできません。

「しんかい6500」の場合は、6,500mの潜航と浮上の深度変換にそれぞれ約2.5時間を要し、海底での滞在時間は3時間程度に制約されます。

図8-2-3　音響航法

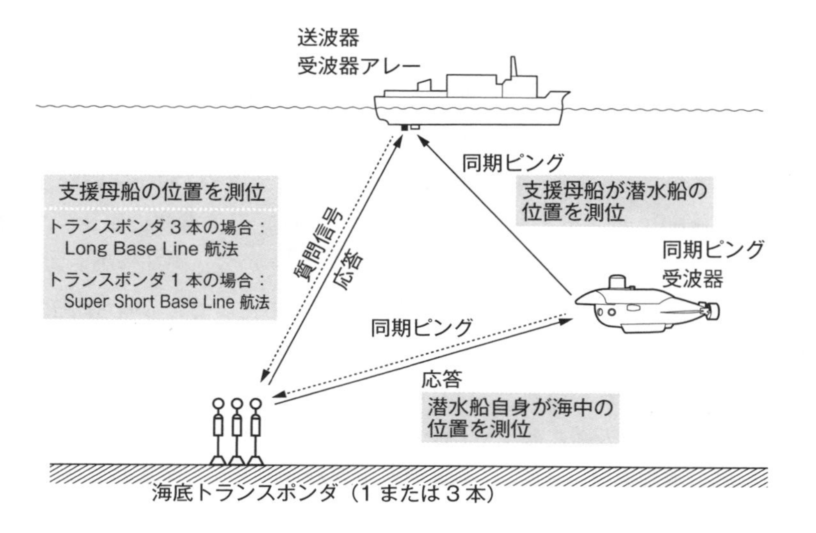

単独行動ができる潜水艦と違って、潜水船には必ず支援母船が必要です。支援母船の機能は、まず、潜水船の着水揚収です。通常はAフレームクレーンで潜水船を洋上に振り出して着水させ、揚収はこの逆です。また、潜水船のメンテナンス、蓄電池の充電や船上ラボの機能も備えています。

更に特徴的なのは音響航法装置*です。これは、潜水艦や水上艦のソーナー技術を応用したものです。潜水船自身が海中のどこにいるかを認識するだけでなく、支援母船の側でも潜水船の位置を常時監視します。このため、潜水船は絶えず支援船のクロックと正確に同期した音響発信（ピング）をして、支援母船や海底設置のトランスポンダがこれを受信します。支援母船はこの受信により、ピングが来る方位や角度を検出して、潜水船の位置を確認することができます。なお、図8-2-3に示した3本のトランスポンダによるLBL航法**は、現在、JAMSTECではあまり使われていませんが、三角測量を用いた航法の基礎として記載しました。

支援母船は、大深度にいる潜水船やトランスポンダからの微弱な音響信号も受信できるように、潜水艦並みの徹底的な雑音低減が行われます。

潜水艦ではあまり使われていない技術として、「油漬均圧技術」があります。これは、「圧力という外力がかかっても平気だが、海水に触れると短絡（ショート）してしまう」という機器を、絶縁油の中に入れて使う技術です。潜水船の耐圧殻は、小さな球殻で機器スペースが少なく、やむを得ず機器を耐圧殻の外に装備することから、この技術が使われています。

対象となるのは、蓄電池・配電装置といった電力装置や、油圧装置などです。電線も、潜水艦の耐圧型の水密電線に加えて、油漬電線も使います。これは、ホース状のフレキシブルな管に絶縁油を充填して、その管に耐油性のある電線を通したものです。これらの技術は、耐圧殻外装備にあたっていちいち耐圧容器に収納しなくても良いという点で、重量、コスト共に設計上の助けとなります。

これも潜水艦にはない技術で、浮力材（シンタクチックフォーム）というものがあります。大深度有人潜水船では、巨大な水圧に耐えるために、耐圧殻は通常直径2m程度の球殻を用います。この球殻が主要な浮力となる潜水船では、圧倒的

＊**音響航法装置**：地上や空中ではGPS（電波）を用いて測位しますが、電波の使えない海中では音波を用いてGPSと同じような原理で測位します。

に浮力不足となります。これでは潜航できても浮上できません。そこで、不足する浮力を補うのが浮力材です。これは、直径約100μmの中空耐圧ガラス球（ガラスマイクロバルーン）を樹脂で固めてつくり、比重約0.5のものが使用されています。比重を下げるため、2種類の大きさのガラス球を用いて充填密度を上げる工夫もされています（大きな球同士のすき間に小さな球を配置）。この浮力材を耐圧殻外のすき間にギッシリと配置して、浮力を稼いでいます。

図8-2-4　浮力材（灰色のブロック）をギッシリ装備した「しんかい6500」

写真提供：海洋研究開発機構

無人潜水機（UUV、ROV、AUV）

ここでは、「無人」で海中に潜って活動する無人潜水機について、有人潜水船と対比しつつ解説します。

無人で海中を自由に動き回ったり、繊細な動きをしたりするには、海上からの通信による操縦やAIなどを駆使した自律的な制御技術が必要です。過去にはこの技術が伴わなかったために、あまり活躍していませんでした。ところが、技術の進歩と共に、限定的な場所（ピンポイント）の調査や作業、広範囲の規則的な調査

＊＊**LBL航法：Long Base Line 航法**　3本（あるいはそれ以上）以上のトランスポンダを海底に設置して、カーナビ（複数のGPS衛星を使用）と同じように三角測量で位置を特定します。これに対し最近では、Super Short Base Line航法が多用されています。これは海底に1本のトランスポンダを設置するだけで済み、トランスポンダからの受信音を母船装備のアレー型受波器で受けて方位と距離を特定する方法です。

等には、無人機がどんどん使われるようになってきました。これは、有人よりも無人の方が、「過酷な海中での人間の安全性を配慮しなくてよい」、「コストが大幅に低い」といった点で有利なためです。潜水艦のように軍事分野で人が瞬時に判断する必要のある場合を除いて、科学技術分野や産業分野では、今後ますます無人機の需要が拡大していくものと予想されます。

無人潜水機は「UUV（Unmanned Underwater Vehicle）」と総称され、「有索タイプ」と「無索タイプ」に大別できます。有索タイプを「ROV（Remotely Operated Vehicle）」、一方の無索タイプを「AUV（Autonomous Underwater Vehicle）」と呼ぶことも多いようですが、標準化されているわけではありません。軍事用の無人潜水機は、一般的にROV、AUVの区別をせず、それらをすべてUUVと呼んでいます。

以下に、有索タイプと無索タイプの技術的特徴とそれぞれの比較的高度な例を紹介します。これらについてはネット上に詳しい情報が出ているので、それらを適宜ご参照ください。

◆有索タイプ（ROV）とは

有索タイプは、「電力送電（動力線）」と「情報伝送（光ファイバー）」を担った複合ケーブルである「テザーケーブル」を備えるもの、情報伝送のみを担った光ファイバーケーブルだけ備えるものに分けられます。テザーケーブルは、10〜数十mm、光ファイバーケーブルはわずか数mmの太さのケーブルです。このようなケーブルを引きずって行動するため、行動にかなりの制約があるだけでなく、このケーブルのねじれやたるみから来るキンク*を防止する技術も重要です。

今流行りの空中ドローンに対して、水中ドローンは有索式（空中ドローンと違って無線が使えないため）が多いですが、手軽に利用できるようになってきており、数十万円で購入できます。水中ドローンに関しては、一般社団法人水中ドローン協会ができて業界活動を行うようになってきており、活動はまだ限定的ですが、今後はこれも進化していくと思われます。

次に、高度なROVの例を紹介します。

---

*キンク：索やケーブルがゆるんで輪っか状になった状態で引っ張ることです。切断の要因になります。できるだけ「ゆるまない」、「ねじれない」ようにすること、すなわち絶えずテンションをかけておくことが重要です。

◆高度なROVの例——JAMSTEC「かいこうMk-Ⅳ」

「かいこうMk-Ⅳ」（三井造船〈現、三井E＆S〉製）は、初代「かいこう」から改造を重ねて4代目に当たるROVであり、深海域における海洋調査用として高感度カメラやマニピュレータを装備しています。最大潜航深度4,500m、速力1ノットの性能です。

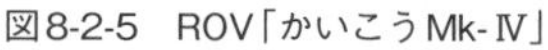
図8-2-5　ROV「かいこうMk-Ⅳ」

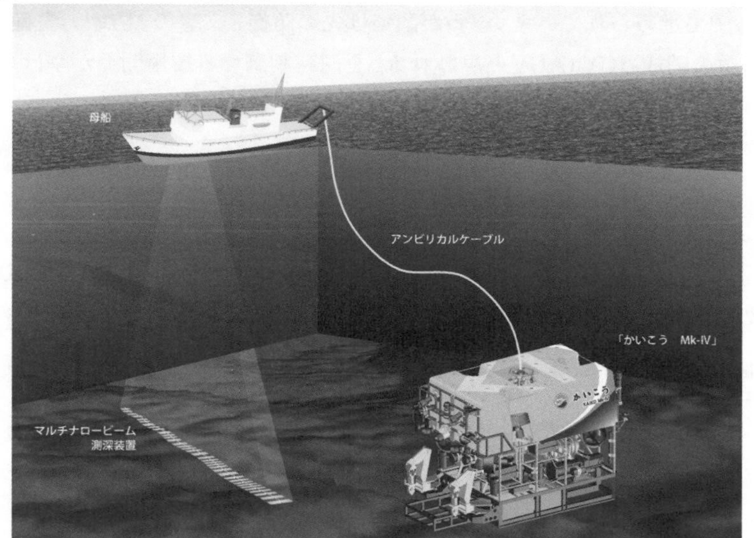

画像提供：海洋研究開発機構

◆無索タイプ（AUV）とは

無索タイプは、支援母船から独立しており、一定のプログラム行動をとるか、または自律して自ら考えながら行動し、長距離航行する巡行型、点検保持を得意とするホバリング型、複数機が連携して広域調査が行える複数機同時運用型などがあります。ROVのような遠隔操縦ができない（音波は有線や電波よりも信号伝送能力が低い）ために「自律制御技術（AI技術を含む）」、外部から電力供給が受けられないため「大容量小型電源技術と節電技術」等が必要で、今後の主要なテーマです。

また、無索タイプは機器の故障が即遺失のリスクとなるため、その対策も必要です。例えば、「機器が故障した場合は直ちにミッションを中止して浮上し、位置を知らせる電波を発信する」といった対策もありますが、まだ充分ではありません。

今後の技術進歩に関しては、圧倒的にニーズの高い水中ドローンが、まず先行するものと思われます。その影響を受けて無索タイプのAUVが進歩してくると、潜水艦のミッションの一部を代替することが考えられ、事実、軍事用UUV（前述の通り軍事分野ではROVとAUVを区別せずUUVと総称しています）の開発も世界各国で進められています。わが国では先の防衛3文書の「防衛力整備計画」で、複数の哨戒UUV（AUVと思われる）を同時制御する技術開発が挙げられています。

次に、現在の高度なAUVの例を紹介します。

◆高度なAUVの例——JAMSTEC 深海巡航探査機「うらしま」

「うらしま」（三菱重工業製）は、水深3,500mまで潜航でき、4ノットで100km程度の航続距離を有する広域巡航型のAUVです。

図8-2-6　AUV「うらしま」

写真提供：海洋研究開発機構

図8-2-7　AUV「うらしま」の配置図

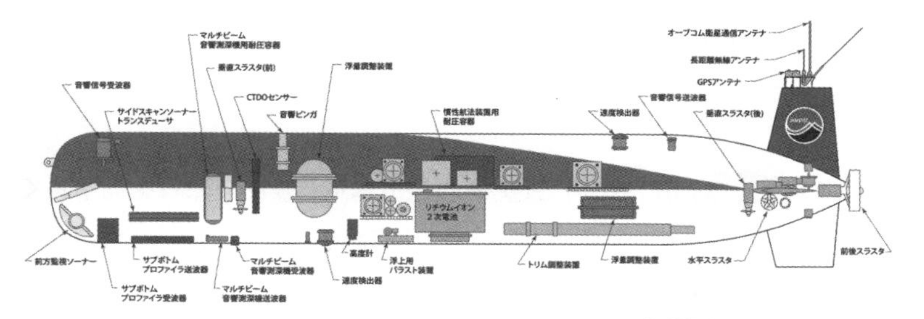

資料提供：海洋研究開発機構

図8-2-8　AUV「うらしま」のオペレーション

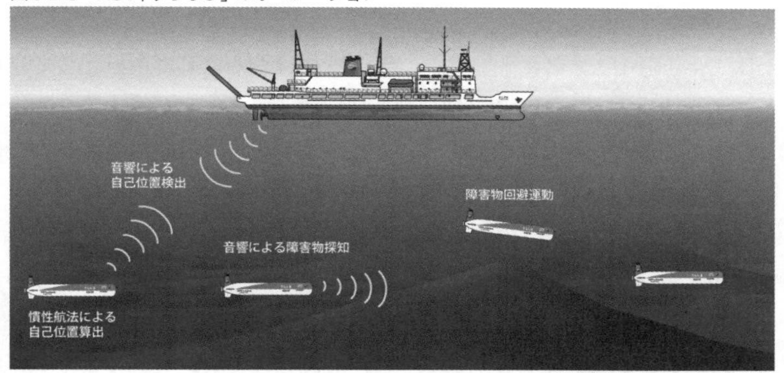

資料提供：海洋研究開発機構

図8-2-8は、慣性航法と音響航法を交互に利用する「うらしま」のAUVナビゲーションの模式図です。

◆今後の無人潜水機

人間が直接判断してすぐに対応できる潜水艦の役割がなくなるわけではないものの、有人の潜水艦や潜水船に比べ、「過酷な海中での人間の安全性」、「コスト」等の面で圧倒的に有利な無人潜水機は、今後もその存在感を高ていくことでしょう。また、有人船と無人機の連携が重要になってくると思われます。

無人潜水機の技術は、潜水艦や有人潜水船の技術——例えば水中安定性（スタビリティ）、耐圧、蓄電池、絶縁、耐食、自動運転、音響、センサー、着水揚収等——の応用ですが、全体的に見れば電子機器と言えそうです。特にAUVでは、AI

などを活用した自律技術が性能を左右します。このような技術は最先端技術であり、優秀な研究者やエンジニアが開発に従事しているため、このAUVの技術がどんどん進歩していくものと思われます。

安全保障分野では、広大なEEZ（排他的経済水域）の安全保障を効率良く実施するために、今後、日本での無人潜水機の役割がますます増えていきそうです。また、潜水艦、水上艦艇、衛星等との連携が必要になっていきます。

諸外国では、既に水上艦や潜水艦と連携したUUVの開発が進められています（ネットで「navalnews.com」等を参照）。

わが国でも、防衛3文書に「陸海空の無人機の役割」を重要項目として挙げられています。海中では哨戒用UUVが記載され、複数のUUVが潜水艦や水上艦と連携しながら哨戒の任務に就くことなどが想定されます。防衛力整備計画では今後5年、10年のスパンで実現していくようです。

科学分野では、地球の海底下、海底、海中にはまだまだ解明されていないことが多く、その解明のため、目的に応じた無人潜水機の投入が期待されています。更に産業分野では、海底下の炭酸ガス貯留（CCS：Carbon dioxide Capture and Storage）、海底の資源調査および採取、海底構造物の検査等の目的で、高性能な無人潜水機が開発されていくものと思われます。

例えば、海底パイプラインの長期間連続検査用AUVが既に開発され、実用に供されるところまで来ています。次図に示すのは、Modus Subsea Services（英国）のAUV「SPICE」（川崎重工業製）です。主に海底油田のパイプライン検査用として、海底で継続的に検査、検査データ蓄積・送信、充電等が行えるタイプとして開発されました。3,000mまで潜水可能で4ノットの速力が可能、海底には専用のドッキングステーションを設置してデータ転送、充電などを自動的に行います。これにより長期間の活動が可能となっています。

現状では、まだまだこの分野は潜水艦以外の市場が小さく、エンジニアも少数派ですが、政府は海の安全保障に不可欠な技術だと認識し、2023年4月に閣議決定された「海洋基本計画」では特にAUVを「経済安全保障に資する重要な技術」と位置付け、開発戦略の策定と開発予算の確保に動き出しています。

図8-2-9　海底パイプラインの長期間連続検査用AUV「SPICE」

資料提供：川崎重工業株式会社

511「おうりゅう」(そうりゅう型)

写真提供：海上自衛隊

Chapter 9

「海の忍者」も楽じゃない（仕事と生活）

9-1 生活パターン（職住最接近）～ワッチ（当直）～

これまでは潜水艦の技術の話をしてきましたが、ここからは、それを動かす人がどんな仕事をしてどんな生活をしているかを解説します。

ワッチ（当直）

図9-1-1　ワッチ図（3当直体制の場合）

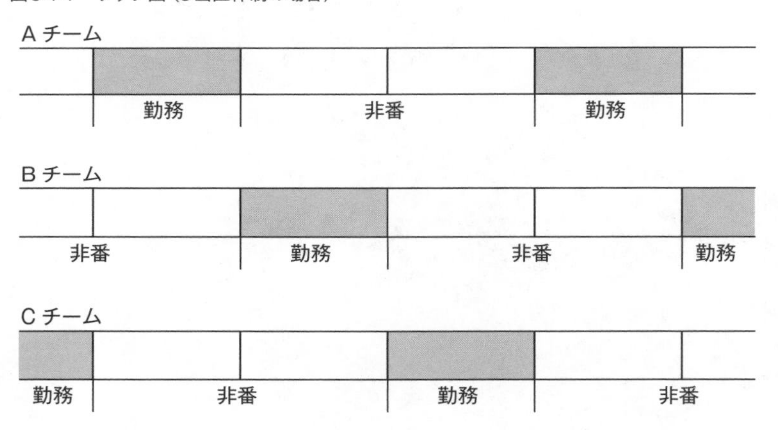

潜水艦での生活は、当然ですが仕事（任務）が優先になります。しかも、潜水艦での仕事は何日間も続くうえに24時間連続です。もちろん、1人の人間が働き続けるわけではなく、同じ仕事に対して複数のチームが「順番（ローテーション）」に仕事を繋いでいきます。このような体制を「ワッチ（当直）」と呼びます。例えば、3チームでローテーションすることを3当直体制、4チームでローテーションすることを4当直体制と言います。また、1チームが連続して勤務に就く時間も様々ですが、人間の緊張維持の限界から4～6時間程度が一般的です。

例えば6時間3当直体制の場合は、0～6時、6～12時、12～18時、18～24時に3チームが順番に勤務に就きます。この場合、次の勤務までの非番は12時間あるので、この時間を食事や睡眠、娯楽に充てます。

なお、日本の潜水艦の場合は多機能潜水艦で機器の数が多く、自動化が進んでいるとはいえ、1チーム20名程度は必要です。また、当然ながら緊急時には、当直とは関係なく、艦長の指示で総員が配置に就くことになります。

なお、艦長は1人しかいないので、当直はありません。何日間にも及ぶ連続の任務です。とはいえ、艦長も人間なので休息は必要で、たいていの艦長は副長と交代（指揮権を一時的に副長に代行させる）しながら休息をとるのですが、中にはずっと発令所や艦長室にいて連続して指揮をとる艦長もいます。いずれにしても艦長は、その艦の全責任を負うので大変な仕事です。

9-2 仕事

潜水艦の乗員の仕事は多岐にわたっています。その仕事を分類して、それぞれの仕事の内容を説明します。

航海、通信、水測、電測、電子整備

主として航海や探知・捜索系で、発令所が主な職場です。「バラストコントロールパネルで潜航、浮上、トリム作成」、「チャートテーブル（海図台）で針路・位置確認」、「潜望鏡で海上捜索」、「ソーナーで水中探知」、「レーダーで海上・空中探知」、「水中通話機で通信」、「必要に応じた艦橋マスト類の昇降」などの操作と、その機器整備を行います。

図9-2-1　たいげいのチャートテーブル（電子式）

たいげい取材写真

機関、電機、補機

主機（ディーゼルエンジン）や主推進電動機、AIPシステム、その他補機類の操作および機器整備を行います。

艦内の多くの機器は自動化されてきており、昔のように運転中のディーゼルエンジンや主推進電動機に貼り付いて機側操作をする必要がないため、職場環境（振動、騒音、狭い、油の臭い）はやや改善しています。ただし、自動化や無人運転化で人の操作スペースが減り、その分だけ装備が密集しているので、機器のメンテナンスではアクロバティックな姿勢が求められます。

水雷

魚雷などの武器の管制・操作、およびジョイスティックパネル（操縦盤）とジョイスティックスタンド（操縦桿）での操縦、それらの機器の整備が主な仕事です。

経理、補給、給養、衛生

後方支援系の仕事です。「予算に基づく消耗品（食料など）の管理、発注」、「食事の支度」、「怪我や負傷等の治療」などです。

やはり、何といっても食事をつくることが主要な仕事です。出港から帰港まで、ほとんど海中に潜航している潜水艦では、食事が唯一の楽しみだからです。

艦内に保管されている生鮮食料の鮮度や残量を考えながら、変化に富んだ献立を1日4回分検討して、狭い調理場で調理するのは、大変な仕事です。

これらの仕事を、艦長、副長を含む士官（尉官以上）、下士官（海曹）、一般乗員（海士）が分担して、連続的に任務を果たします。艦長、副長以外の士官は、船務長、機関長、水雷長、補給長およびこれらをサポートする役割を分担します。海曹のうちの上級者（各パートの熟練者）が先任海曹と呼ばれて各部門のとりまとめ役を担います。

それぞれの仕事がかなり特殊で、陸上の感覚とは違うため、あらかじめ充分な訓練が必要です。そのため、陸上に上記の仕事を教育・訓練する施設があり、各種シミュレーション装置を駆使して、艦内を模擬した環境で教育が行われます。

なお、ソーナーマンは特にその人の適性に依存するため、特に適性のある人を選抜したうえ、模擬環境の訓練を実施して腕（耳）を磨きます。

9-3 昼と夜

潜水艦は24時間の連続運用です。そして、潜航中は昼と夜での環境変化がありません（海中のため）。それでは、乗員は「体内時計を維持するために」どうしているのでしょうか？

潜航中は昼と夜の区別をどうつけるの？

潜水艦では、任務のため何日間も海中に潜航しっぱなしです。そうすると、潜航している間は太陽を見ることはありません（潜望鏡を通して昼の明るさを感じ流ことはありますが）。乗員はロボットではないため、同じ明るさが何日も続くと体内時計が狂ってきて、健康の維持が難しくなります。

潜水艦では、内部の照明に「白色灯」と「赤色灯」が併設されています（最近はほとんどがLEDを使用しています）。昼間は白色灯で明るく、夜は赤色灯を使って薄暗くしています。そのため、潜水艦の艦内は夜になると赤く染まります。なお、夜間に赤色灯を使うのは、「赤色が黒色の周波数に近いため、目が暗順応しやすい」からだと言われています。夜間に潜望鏡で海上を見るとき、艦内が赤色であれば真っ暗闇の海上に目が順応しやすいのです。

ただし、最新鋭の潜水艦では潜望鏡はすべて非貫通となり、従来のような光学潜望鏡を覗く必要がなくなったため、夜の暗順応のための赤色灯は不要になりました。その意味では艦内がずっと白色灯でもよいわけですが、乗員の昼と夜の区別をつけるためには、夜の赤色灯が必要なのかもしれません。一方、発令所、艦長室、士官室については作業性を優先し、夜間も明るい白色灯のままにしている艦も多いようです。

図9-3-1　LEDを使った白色灯と赤色灯

たいげい取材写真

9-4 食事

潜水艦の乗員にとって、食事は唯一の楽しみかもしれません。そこで、どんな食事が出るのかを説明しましょう。

潜水艦の食事の仕組み

潜水艦では、食事は1日に4回あります。概ね朝の5〜7時が朝食、11〜13時が昼食、17〜19時が中間食、そして23〜1時が夕食です。

6時間で3直体制ですと、ワッチに入る前後のみ食事をし、非番時間の中間を抜くことで、合計で1日に3食、というのが乗員の一般的な生活です。

食べようと思えば4食を全部食べることもできますが、狭い潜水艦の艦内では運動量も限られ、カロリー過多だと確実に肥満になります。

潜水艦に出入りするには、昇降筒のハッチをくぐる必要があります。更に、艦内には数か所の隔壁があり、隔壁にはハッチ（小さな耐圧の扉）があって、移動ではハッチを通らなければなりません。また、狭い艦内でのメンテナンス作業は、かなり柔軟な姿勢が要求されます。そのため、肥満体では潜水艦内での仕事と生活に不都合が生じます。運動不足を艦内でのストレッチなどで補うこともできますが、やはり必要以上の食事はご法度です。各個人の判断に任されていますが……。

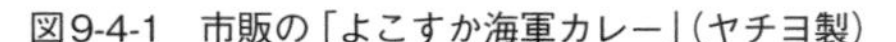

図9-4-1　市販の「よこすか海軍カレー」（ヤチヨ製）

金曜日の昼食はカレー

日本の潜水艦では、金曜日の昼食はカレーに決まっています。実は海軍とカレーは関係が深く、海上自衛隊の潜水艦基地がある横須賀市や呉市では海軍カレーが一般に販売されています。そこでは、海上自衛隊とのコラボで所属艦艇毎の特色のあるカレーを市内各所のホテルやレストランで提供する取組も行われています。

もともと日本の海軍では、土曜日の昼食にカレーを食べる習慣があったのが源流です。これは、陸上勤務では土曜日は「半ドン（午前中で仕事が終わる）」で、1週間の仕事の終わりにその週の余りものでカレーをつくって食べる習慣があり、艦艇でも受け継がれてきたと言われています。また、これが長期間の航海で曜日感覚がなくなるのを防止する手段として習慣化した、との説もあります。

この習慣が海上自衛隊にも引き継がれ、週休2日の時代になると、潜水艦でも土曜日の昼食から金曜日の昼食に変化しました（潜水艦の任務は週休2日ではありませんが）。

また、カレーは日本人にはなじみのある食事ですし、いろいろな具材を入れる栄養豊富なメニューです。これが定着したのもわかる気がします。

潜水艦では、実務を担う海曹や海士は、同じ艦に幹部よりも長く勤務する傾向があり、同じ給養員が長い期間にわたって独特の味を出します。そのため、潜水艦毎にカレーの味が違ってきます。また、潜水艦同士でカレーの味を競うことにもなります。従って、カレーの味がどんどん進化していきます。

9-5 タバコ

喫煙はその排煙が有害であり、喫煙後に時間をかけて「CO（一酸化炭素）」が人体から放出されます。この喫煙については、マナーや受動喫煙・副流煙問題がクローズアップされ、喫煙者にとって肩身の狭い時代です。

閉鎖環境である潜水艦での喫煙はどうなっているのでしょうか？　日本の潜水艦では、艦内での喫煙が現在は禁止されています。タバコは嗜好品なので仕事中の禁止はやむを得ませんが、職住最接近の艦内では、非番のときぐらい喫煙したいのが喫煙者の心理でしょう。

かつては、総員配置や緊急事態で艦長が禁止するときを除き、艦内で喫煙が可能でした。このため、通風系統の吸入口フィルターの交換で対応していました。代表的な喫煙場所であった乗員食堂にある吸入口フィルターの交換は頻繁に行われていました。また、ディーゼルエンジンや補機類が配置された機械室はもともとエンジンの排気ガスが溜まりやすく、オイルミストなど多種類のガスやPM*の宝庫ですから、多少の喫煙は誤差の範囲かもしれません。しかし、機械室は油を扱ううえに、AIP艦なら近くに液体酸素タンクもあるので、普通なら火気厳禁区域です。

近年は、艦内の空気清浄にかなりの技術的な配慮がなされています（4-10項「生命維持と空気清浄」参照）。乗員の健康管理の推進、空気清浄技術（モニタリング技術を含む）の進歩の結果、潜水艦のような閉鎖環境では喫煙禁止が時代の趨勢かもしれません。

なお、陸上の分煙のように喫煙区画をつくり、そこで排煙を処理することも技術的には可能ですが、艦の小型化や省電力化に反するため実現しそうにありません。

---

* **PM**：Particulate Matterの略で、粒子状物質のこと。PM2.5とは、大気中に浮遊する微粒子径が2.5μm以下のものです。

9-6 インフルエンザ、コロナ

冬になると毎年、日本の各地でインフルエンザが流行します。更に最近では新型コロナウイルスの感染拡大もありました。

潜水艦乗員の1人がインフルエンザやコロナに感染した状態で任務に就くと、艦内で大量の感染者が出る可能性があります。潜水艦に装備された最新鋭の空気清浄装置であっても、ウイルス対策としては不充分です。潜水艦が潜航しているとき、艦内の空気は閉じた空間を循環しているだけです。たとえウイルスフィルターを空気の循環系に組み入れたとしても、ウイルスを全滅させることは困難です。

いかに優れた機能を持った潜水艦でも、それを動かす人間がウイルスに感染して全滅状態になれば元も子もありません。

空港でのウイルス感染検査のような仕組みで、乗員が乗艦するときにチェックをする必要があるかもしれません。

9-7 携帯電話

携帯電話（今なら主にスマートフォン）は日本の若者にとって必需品であり、電車の車内でも歩きながらでも自転車に乗りながらでも操作に明け暮れています。

ところが、潜水艦の乗員になって潜水艦に乗艦したとたん、「携帯禁止」となります（乗艦時に所定の保管場所に預けるのが一般的）。

隠密行動に電波の発信は障害になるし、携帯電話の電波は耐圧殻を通過できないので使えません。

この状況に若者が耐えられるのでしょうか？　スマホのない生活が前提となる潜水艦乗員の志願者が減ってしまうのではないか、と心配してしまいます。

今後、潜水艦乗員の適性検査に「携帯禁止耐性」が加わるかもしれません。それほど深刻な問題となりつつあります。

9-8 非番の楽しみ、息抜き（娯楽）

職住最接近の潜水艦艦内にあって、非番のときの娯楽として選べる選択肢はかなり限定的です。これは艦内が狭いことと静粛性が原則のためです。

潜水艦は、休日なしの連続勤務で厳しい仕事のうえに、生活環境は狭くて窮屈、酒・タバコ・携帯電話は禁止という環境です。乗員は、潜水艦であるがゆえの使命感で納得していく他ありません。昔は艦内住環境が厳しくても我慢して職務に就いていましたが、陸上での快適な生活が当たり前となった今日、乗員は我慢できるのでしょうか。

読書、音楽

ベッドで読書するのが一般的ですが、上下のスペースが狭いため寝て読みます。座って本を読みたい場合は、食堂へ行くか、機器と機器の間の狭いメンテナンススペースに身を寄せて読むこともできます。音楽はポータブル音楽プレイヤーを使ってイヤホンで聴きます。

テレビ

潜水艦の食堂にテレビが置いてあり、食事の時間以外に観ることができます。ただし、潜航中はテレビ放送を受信できないので、DVDを大量に持ち込んでこれを皆で鑑賞することが多いようです。ここでも、生活雑音低減の対策のため無線式ヘッドホンを使います。

図9-8-1　食堂に置かれたテレビ

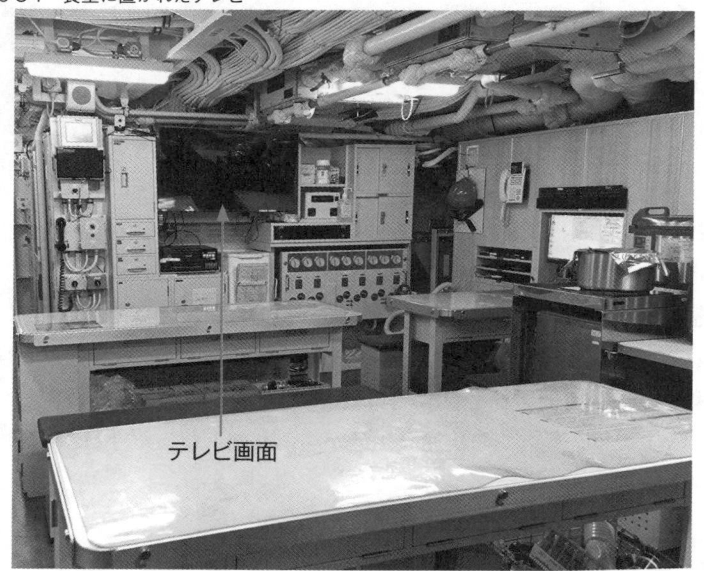

たいげい取材写真

ゲーム

テレビゲームが普及するまでは、トランプを楽しむ士官や乗員が多くいました。士官がローテーションで陸上勤務になっても、昼休みにトランプに興じる人が多くいました。

一方、テレビゲームがポピュラーになってからは、携帯型ゲーム機を持ち込んで楽しむようになりました。当然ですが、電波の届かない潜水艦の中では、インターネットを利用したゲームはできません。なお、携帯型ゲーム機等は、秘密管理者である艦長の許可を得ることで持ち込めます。

おしゃべり

潜水艦の行動中は24時間だれかが働いているので、非番の人達が集まっておしゃべりをする場所は限られてきます。食堂がその場所になりますが、静寂性の求められる潜水艦内であり、テレビでDVDを見る人もいるので、大声でおしゃべりすることはありません。

昔は艦内の生活が厳しくても我慢して職務に就いていましたが、陸上での快適な生活が当たり前となった今日、乗員の確保のためにもこれらの我慢を処遇や艦内の魅力化対策で少しずつカバーしていく時代になっていくものと思われます。

例えば、2024年度の海上自衛隊の予算には、潜水艦用「電子家庭通信装置」が計画されています。これは画期的なことで潜水艦乗員が携帯電話で家族等と連絡が取れる仕組みです（制約はありますが）。このためには個人の携帯電話情報を送受信する装置（電子家庭通信装置）と艦内無線LAN装置が必要となります。この仕組みができれば、テレビ、ラジオ受信装置を介して、そのコンテンツを乗員が自身のプライベート空間で楽しむこともできるようになります。

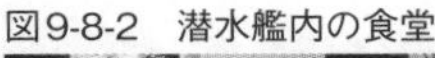

図9-8-2　潜水艦内の食堂

たいげい取材写真

513「たいげい」(たいげい型)

写真提供：海上自衛隊

Chapter
10

技術を駆使する潜水艦乗り（どん亀）

10

1 人間模様

閉鎖空間での長期間の共同生活——。例えば、日本からハワイまで（約3,500マイル≒6,500km）潜航したままで航行（波浪に翻弄される水上航走は、速力も水中に比べて遅い）すると3週間程度かかります。この間は太陽を見ることはなく、昼間と夜間の区別は照明の白色灯と赤色灯だけですし、曜日の感覚は金曜日の昼食に出るカレーだけです。この間は、携帯電話は使えないし、酒やタバコも禁止です。おまけに最近まで潜水艦内は男だけで、女性と接することもありません。こんな生活が想像できますか？　これが潜水艦乗艦時の生活であり職場環境です。

潜水艦の幹部である士官や一般の乗員は共に、入隊したときから厳しい訓練を通じて、その適性が検査されます。もちろん閉所恐怖症の人は不適格ですし、やはり忍耐力と協調性が求められます。

また、行動中にトラブルや故障が起きても、極力自力で修復（たとえ仮復旧でも）できる知識と器用さも必要です。見事なチームワークで任務をこなす、すさまじいプロ根性集団だと言えます。

艦長が任務を全うするための重要な仕事に、「和の醸成」があります。その実現には、「先任海曹」と呼ばれる下士官が、一般乗員の面倒を見て、不満や提案があれば艦長や士官に進言するという重要な役割を担っています。

どうしても個人的に合わない人間同士がいれば、配置転換もやむなしというところでしょうか。潜水艦内は、不和が排除され、協調性が求められる世界だと言えます。

02 艦長の資質、能力

潜水艦では、すべての責任を艦長が負います。艦長にはどのような権限があり、どのような能力が必要となるのでしょうか？　ここで、潜水艦の艦長について説明しましょう。

潜水艦の艦長はどのように育てるの？

潜水艦の艦長は、普通の会社の組織で言うと、社長でしょうか、それとも取締役（執行役員）、部長、課長、係長？

潜水艦などの艦艇の艦長や船舶の船長には、大きな権限があります。ひとたび出港すれば、何が起ころうとすべての責任は艦長（船長）に帰します。そのため、それに応じた義務と権限を有します。陸上でたまにある“飾り物”のトップということはあり得ません。例えば、潜水艦に艦長よりも組織上では上位の隊司令、群司令、潜水艦隊司令官、海幕長、統幕長、防衛大臣が乗艦していたとしても、艦や艦内のすべての責任は艦長が負うのです。

そのため、上司といえども艦内ではあまり口出しはできません。更に潜水艦の場合、出港したらほとんど単独行動なので、状況の変化に応じて上位の者に指示を仰ぐことができないので、艦長の判断が任務達成の重要な決め手となります。

艦長を目指す者は、「防衛大学校や一般大学」を卒業して海上自衛官に任官したら、広島県江田島市にある幹部候補生学校に入校します。ここから、艦長への約20年の長い道のりが始まります。海上自衛隊に任官して潜水艦乗り（どん亀）を希望した幹部候補生学校の卒業生は、間違いなくすべてが艦長を目指します。

まず、潜水艦に士官として乗艦し、航海や機関、電機、水雷などすべての部署を順に経験します。3尉でスタートして3佐か2佐で艦長になるまでに、各部署を1～2回経験し、各階級に応じた義務や責任を果たすために権限も与えられます。また、20年のうち約半分の期間は、海上幕僚監部（海幕）や地方総監部（横須賀、呉、佐世保、舞鶴、大湊）、海上自衛隊の各種学校（例えば第一術科学校）などに配属され、防衛施策の立案、予算要求、技術開発、戦術や航海・機関などの知識とスキルのレベルアップを図ります。30歳代の後半で、艦長に次ぐ副長に任命された後に、艦長の拝命を待つことになります。その間に潜水艦の艦長としての資質がチェックされ、他の部門に配置換えということもあります。

それでは、潜水艦艦長の資質とはどんなものでしょうか？

統率力（組織管理能力）

通常、どのような組織であってもリーダーに求められる能力です。潜水艦の場合、狭い耐圧殻の中で長期間、多くの乗員を統率する必要があります。これには、資質（潜在能力）と経験がものを言います。

潜水艦のように上意下達が明確な軍事的世界であっても、必ずしもパワーハラスメントが皆無とは言い切れません。最近は特にハラスメントに対し敏感になっているため、潜水艦の適格性が充分チェックされた乗員に対しても、艦長は日頃の接し方に配慮が必要かもしれません。

今後も22隻の潜水艦が活躍を続けていくためには、約3,000人の潜水艦要員が継続的に必要で、ますます若い乗員を増やして安定的な雇用を継続していく必要があり、艦長の"今ふう"の統率力も必要になってきます。

運航法、操艦術

離岸や出港、潜航、スノーケル、浮上、入港、着岸における操艦術が求められる他、任務遂行中である潜航中の最適な3次元の航路を決定する必要があります。この能力は、士官としての乗艦経験と陸上での教育によて磨かれます。

船体、機関、電機、武器の構造、機能、運用方法、故障時のリカバリー能力、機能改善提案

潜水艦各部の構造や装置の機能を熟知したうえで、雑音レベルや蓄電池の放電状況、相手艦の動向などを総合判断して、艦の最適な運用を行う能力が求められます。

また、運用上、構造や装置などの改善提案を行える能力も必要です。これらには、士官としての乗艦経験や海幕、地方総監部などでの経験が活かされます。

戦術立案と緊急時対処能力

潜水艦の特性上、情報伝達に制約があることや隠密性が求められることから、出港したら一匹狼の単独行動となることが多く、自ら状況を判断して戦術を立案・実行する能力がなくては任務を果たせません。

図10-2-1　潜望鏡で海上を確認する艦長

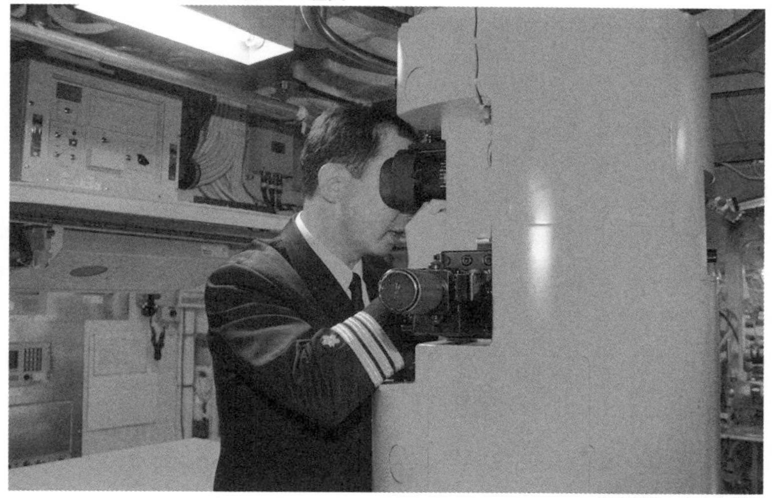

写真提供：海上自衛隊

また、様々な緊急時に艦の最高責任者として絶えず瞬時の判断が求められます。これにはやはり持って生まれた資質と長い経験、そして戦術面での幅広い知識が必要となります。

シーマンシップ

Seamanshipと書き、スポーツマンシップ（Sportsmanship）、リーダーシップ（Leadership）などのshipと同じ使われ方です。

すなわち、海の男（船乗り）に求められる技術や精神、資質、規範といった意味でしょうか。

そのため、艦長（船長）のみならずすべての船乗りにはシーマンシップが求められます。では、シーマンシップの具体的な中身は何でしょうか？

まず、海を対象とした航海術や、船を対象とした運用術が求められます。また、その資質として、海や自然の過酷さを知り、これに挑戦する冒険心と畏怖の念を持ってしなやかに対応する柔軟性、海は1つに繋がっているため外国の艦（船舶）に対応できる国際性、衝突・沈没などの危機に瀕（ひん）した乗員・船員を平等に救難する倫理観などです。

こういった資質や能力が求められる潜水艦の艦長は、生まれ持った資質だけでは務まらず、やはり充分な乗艦経験に加えて、海幕・地方総監部などで広い視野を身につけることも必要です。

このため、幹部候補生学校卒業後に約20年の時間を要します。

また、長期行動における艦長としての緊張感の持続という観点でも、40歳前後の年齢が適齢と言えます。航空機のパイロット（クルーが少人数、ワンデイオペレーション、電波通信可能）、一般船の船長（船長業務と機関長業務の役割分担、2次元運動操縦、電波通信可能）よりも過酷と言えます。宇宙船の船長に近い存在とみられます。

ただし、宇宙船の船長ほど社会的なプレゼンスは高くなく、隠れた存在で、「軍事技術者のジレンマ」（3-3項参照）と同じことが言えます。

一方、米国では軍事や防衛に対する国民の意識が日本とは異なり、潜水艦艦長のプレゼンスは高く、艦長経験者は艦長退任後にその資質や経験を活かして社会の広い範囲で活躍しています。

03 女性乗員の実現と女性艦長誕生の可能性

日本の潜水艦では、すでに女性にも門戸を開き、今後は彼女達の働きが不可欠という存在になり得るとも考えられます。女性が潜水艦で活躍するために克服すべき課題を説明したうえで、将来的に女性艦長が誕生するかどうかを考えてみたいと思います。

現在の女性乗員への配慮と将来の姿

最新鋭潜水艦「たいげい」には、建造初期から女性用設備が計画され、女性乗員の乗艦を実現しています（4-10項の「女性用設備」参照）。

潜水艦に乗艦する女性が大きなストレスなく生活できるかどうかは難しいところです。女性用設備については、スペースの制約が大きいこと、必ずしも女性の体格や腕力に見合った設備でなければならないこと、長期間狭い艦内で男性乗員とうまくやっていけること、といった課題もあります。

今後、女性の士官・乗員がどのように増加していくかはわかりません。順調に増加していくための条件としては、次の点が考えられます。

- 女性も活躍できる仕事・職場であることが、現在の先駆的な女性乗員によって徐々に示されること。
- 女性として結婚・出産・育児等が可能となるように配慮しつつ、潜水艦の関連業務に引き続き携わることのできる仕組みをつくること。
- 狭い艦内ながら女性用の設備が設置され、徐々に改善が進むこと。

いずれにしても、女性が潜水艦の乗員として一定の割合で継続的に存在し続けるためには、日本の社会では本人の相当な覚悟と共に、海上自衛隊あるいは広く世の中の仕組みづくりが必要と思われます。

さて、女性艦長の誕生の可能性はどうでしょうか？

潜水艦の艦長としての資質や能力は、男性固有のものではありません。

潜水艦の場合は、幹部候補生学校を卒業して潜水艦に乗り込んだ士官（ドルフィン）は、ほぼ全員が艦長を目指していると言えます。女性の場合も同じと考えれば、艦長になるまでのプロセスを順調に歩めるかどうかが、女性艦長誕生のキーポイントです。

男性でも女性でも、艦長になるためには士官としての乗艦経験が必要です。そのため、女性の艦長誕生には、様々な潜水艦の様々な配置で順次経験を積む必要があり、そのためには様々な潜水艦で女性用設備の実現も必要となります。この設備を活用するためには、ある一定規模の女性の士官、下士官、一般乗員の継続的確保が必要となります。女性用設備を有する潜水艦を増やすことは、小型化を目指す潜水艦としては逆行する形になり、更にそれに見合った予算をつぎ込む必要もあります。その意味では、今はまだ少数派ですが、その女性達が活躍して、今後の潜水艦運用に必要な存在との評価が得られ、女性の乗艦希望者が増加してくれば、女性艦長を目指せる環境ができてくると思われます。

このように、女性艦長誕生のためには、長期間を要するその過渡期から設備面の整備や女性士官の評価と教育の仕組みなどが必要です。今後、厳しい職場環境を受け入れ、安全保障への強い思いのある女性が継続して存在し、その女性達が活躍し評価されれば、15～20年先になりますが女性艦長が誕生するかもしれません。

先の長い話ですが、全員女性の潜水艦と全員男性の潜水艦が実海域で切磋琢磨するような時代が来るかもしれません。

Chapter 11

これからの潜水艦はどうなっていくの？

11-1 これからの潜水艦

本書では、日本の潜水艦についての最新技術とそれを動かす人間について解説してきました。

「これからの潜水艦」についての解説は、筆者のような民間のエンジニアにはできません。すなわち、潜水艦の仕様や技術は防衛省・海上自衛隊が政府の方針に基づいて立案・計画するものであり、民間のエンジニアはその実現に向けて努力する立場ですから、これからの技術について軽々しく解説することはできないのです。そこでここでは、政府や海上自衛隊から公表されている文書を紐解(ひもと)いて、そこに示された比較的近い将来の潜水艦の方向性について、簡単に紹介しておきたいと思います。

10年毎に新型艦に

「国際的な安全保障環境の急激な変化(特にウクライナ、東アジア等)に対応した防衛力強化が必要」との政策判断で、防衛3文書(国家安全保障戦略、国家防衛戦略〈旧防衛大綱〉、防衛力整備計画〈旧中期防衛力整備計画〉)が2022年12月に閣議決定されました。

潜水艦の目標保有隻数は「防衛力整備計画」の別表に22隻と記載されており、これまでの「防衛計画の大綱」と同じ規模です。ただし、練習潜水艦(現在2隻)と試験潜水艦(新たに追加)が加われば、合計25隻程度の規模になる予定です。

注目すべきは、その目指す方向性と能力です。防衛の目標を設定して、それを達成するためのアプローチと手段を示す「国家防衛戦略」には、海上自衛隊として「防空能力、情報戦能力、スタンド・オフ防衛能力等の強化、省人化・無人化の推進、水中優勢を獲得・維持し得る体制を整備」と明記されています。更に、これを達成するため、概ね10年後までの方向性に従って概ね5年後(2027年度)までの具体的な整備計画が「防衛力整備計画」に示されています。これによれば、潜水艦関連では次の事項が挙げられています。

・水中優勢の獲得・維持
・潜水艦から発射可能なスタンド・オフミサイルの装備
・無人アセット（海中では哨戒用UUV等）との連携

すなわち、次の新型艦は、水中優勢では海中での「より深く、より長く、より静かに」の基本性能や水中探知能力の更なる向上が図られ、スタンド・オフ（敵の射程外からの攻撃）機能としては米国のトマホークや国産ミサイルが発射できる機能が付加され、無人アセットでは海中でUUVと連携できる機能が付加されるものと考えられます。

静粛性等に優れた日本の潜水艦は、宇宙空間（地球周回軌道上）に比べて未知の世界である海中でこそ、水中優勢を確保しやすく、そこにスタンド・オフ機能を有することで、他国に対しての抑止力が強化されるものと期待されます。

ただし、潜水艦のスタンド・オフ機能に関しては、VLS（Vertical Launching System：垂直発射システム）ともなれば（魚雷発射管の流用も選択肢）従来にはない技術であり、ハードルも高いと思われます。また、VLSを装備すれば艦の大型化が避けられず、運動性能等の低下も避けられないと考えられ、また、船価が上昇して予算上の課題も考えられます。そのために、「哨戒型の従来艦並みの潜水艦およびスタンド・オフ型潜水艦の２系統の潜水艦を保有する」といった選択肢も考えられます。いずれにしても、政府の方針や海上自衛隊の仕様に基づいて、潜水艦エンジニアはその実現に努めなければなりません。

潜水艦は約10年毎に新型艦となっているので、現在の新型艦たいげい（竣工は2022年３月）の次は2027年度計画艦（竣工は2032年３月）頃と予想され、この頃に「防衛力整備計画」に示された新型艦を実現させるとすれば、時間的にかなり厳しい準備が必要と思われます。

わが国の潜水艦が所定の能力を発揮するには、上記技術の確立のみならず、他に運用、補給、メンテナンスも機能しなければなりません。技術的により高度になっていく潜水艦には、それに合わせた高度な運用技術、補給体制、メンテナンスの確保が必要になってきます。

更に、これらを機能させるのは「人」であり、その人を動かす「仕組み」であると言えます。

本書でも解説しているように、潜水艦での勤務やそれに伴う生活は、現代の恵まれた生活環境と比較すると、非常に厳しいものがあります。今後、約3,000人規模の優秀な潜水艦要員を確保していくためには、防衛3文書にも記載されている「人的基盤の強化」策がますます重要になってくると思われます。

例えば次のようなことが挙げられるでしょう。

・わが国の安全保障を担う人達が国民のリスペクトを得て、その職業を目指す人が増えてくること

・その人達が、その過酷な任務と高度な技術力、運用力等に見合った収入を得られること

・艦内での休息時の魅力化対策（休息環境の改善、家族などへの通信等）

いずれも困難な課題ですが、少しずつでも取り組む必要があると思われます。

514「はくげい」(たいげい型)

写真提供：海上自衛隊

あとがき

海が大好きなエンジニアが潜水艦や潜水船に携わって約50年、趣味もヨットでずっと海に接してきました。その間に得た潜水艦の技術ノウハウは、後輩達に受け継がれ、もはや静かに封印するのみ……と思っていました。ところが、㈱秀和システムから突然、潜水艦に関する技術解説書の依頼があり、一念発起して執筆したのが本書の初版でした。

既に高齢になり、もう書籍執筆はないだろうと思っていましたが、初版から約7年経過した2022年に出版社から初版のリニューアル改訂版執筆の依頼が来ました。最新の技術を反映した執筆はとても無理だろうと思いましたが、関係者の皆さんから励まされたりご協力をいただけたりで、何とか今回も出版にこぎつけました。

初版および第2版の執筆を通じてご協力・ご助言をいただいた方々をここに掲載させていただきます。海上自衛隊で潜水艦隊司令官を務められた中尾誠三氏、小林正男氏、川崎重工業㈱で長く潜水艦の設計・建造業務に従事され潜水艦の各分野に精通しておられる柴田陽三氏、高橋良三氏、渋田敏広氏、福田豊氏、岸本輝雄氏、湯浅鉄二氏、住野和哉氏他の皆さん、潜水艦用ディーゼルエンジンの開発者である荒井吉郎氏、海洋研究開発機構（JAMSTEC）で長く潜水船や無人機の開発に従事してこられた土屋利雄氏、許正憲氏の皆さんです。艦内の臭いに関しては㈱一芯の濱口正明氏に、実際に艦内の臭いを嗅いだうえでレクチャーしていただきました。これらの方々は、筆者の貴重な先輩・後輩であり、かけがえのない仲間です。本書の趣旨をご理解いただいたうえで、個人的見解として適切なご助言をいただきました。更に第2版では海上自衛隊から最新鋭潜水艦「たいげい」の取材許可をいただき、多くの写真を掲載することができました。
　また、本書執筆にあたり家族ならびに弊社（ひょうごTTO合同会社）従業員の森志保美さんの協力にも助けられました。ご協力いただいたすべての方に深く感謝いたします。

　筆者は現在、神戸市で中小企業向けコンサルタントをしています。神戸市近郊には潜水艦関連の下請け企業が実に多く、それらの企業も対象にしています。中小企業の多くがそうだと思いますが、匠の技に依存して労働生産性向上への投資がまだまだ手薄であること、事業承継に不安があることなどが懸念材料です。そこで、対象企業に対しては、労働生産性を高めるための自動化機器の整備やデジタル生産方式の導入などのアドバイスを行い、場合によっては補助金の活用も助言しています。今後、日本の産業を支える中小企業は大丈夫だろうかとの思いがあるからです。潜水艦に関しても、これら中小企業の事業継続がなければ成り立たないことは言うまでもありません。

　潜水艦は、戦争に対する抑止力としての役割が今後ますます高まると予想され、特に日本では平和を維持するための手段・道具として進化を遂げるものと期待されます。そのためにはやはり、その技術の秘匿性が担保されていなければなりません。従って、今後も過酷な海中で潜水艦の運用に携わる「どん亀」、技術開発・設計・建造・メンテナンス等に携わる「潜水艦エンジニア」が、あまり世の中で脚光を浴びることなく不断の努力を継続することが、国家から求められます。わが国の安全保障に携わるこれらの人達に対して、国民から広く敬意と尊敬が与えられることを願うばかりです。

　本書は、科学技術に興味があり潜水艦の要素技術についても知りたいという方々に、秘密事項や技術ノウハウの流出に当たらない範囲で、少しでも知的興味を満たしていただけたらと願って執筆したものです。今回の改訂版では、初版で説明が足りなかった事項や、初版執筆後の技術進歩をできる限り盛り込むようにしました。本書は、高校程度の知識があれば理解できるように、できるだけ平易な言葉で記述したつもりです。更に、日々進化し最先端の技術を駆使した潜水艦に乗艦して任務に就く人達の様子についても、簡単に紹介させていただきました。
　本書がその目的を果たせるものになったかどうか、とても自信はありませんが、ここに感謝の念を込めてあとがきとさせていただきました。

著者

参考文献、参考書

本書は潜水艦技術を俯瞰的に解説したもので、個々の技術に対しては詳述していません。読者の方でもっと詳しく知りたいという場合、最近では本書の技術キーワードをインターネットで検索していただくという便利な方法があります。更に、本書執筆にあたって引用又は参考にさせていただいた文献、参考書を下記に挙げます。

・潜水艦に関する情報：

「JMSDF海上自衛隊HP」（海上自衛隊）

「世界の艦船」（海人社）

「ジェーン海軍年艦」（Jane's Information Group社）

「Stone Washer's Journal」（Stone Washer's Journal）

「The Illustrated World Guide to SUBMARINES」（John Parker, HERMES HOUSE社）

「DESCENDANTS OF THE SEA EAGLE」（個人HP）

「JShips」（イカロス出版）

「防衛3文章」（防衛省、自衛隊：令和4年12月閣議決定）

・船舶に関する参考書籍：

「造船設計便覧」（関西造船協会編、海文堂）

「理論船舶工学」（大串雅信、海文堂）

「よくわかる最新船舶の基本と仕組み」（川崎豊彦、秀和システム）

・潜水船、無人潜水機に関する情報：

「JAMSTEC HP」（JAMSTEC）

「Blue Earth」（JAMSTEC）

「深海と地球の事典」（深海と地球の事典編集委員会、丸善出版）

「海中ロボット」（浦環、高川真一他、成山堂書店）

・要素技術に関する参考書

「耐圧球殻の圧壊強度について」（高木英二郎、日本造船学会誌501号）

「Guide to Stability Design Criteria for Metal Structure」（Ronald D.Ziemian編集、John Wiley&Sons,Inc）

「外圧を受けるリング補強円筒殻の全体圧壊強度と有効幅に関する研究」（吉川孝男，吉村健司，日本船舶海洋工学会論文集第3号）

「しくみ図解シリーズ～電池のすべてが一番わかる～」（福田京平、技術評論社）

「リチウムイオン電池の高安全技術と材料～普及版（エレクトロニクスシリーズ）」（佐藤登、吉野彰（監修）、シーエムシー出版）
「電池システム技術～電気自動車・鉄道へのエネルギーストレージ応用」（電気学会（編）、オーム社）
「キャビテーション」（加藤洋治、槇書店）
「高校数学でわかる流体力学（ベルヌーイの定理から翼に働く揚力まで）」（竹内淳、講談社）
「高校数学でわかるフーリエ変換（フーリエ級数からラプラス変換まで）」（竹内淳、講談社）
「よくわかる信号処理（フーリエ解析からウェーブレット変換まで」（和田成夫、森北出版）
「水中音響の原理」（R・J・ユーリック、土屋明（訳）、共立出版）
「海洋音響の基礎と応用」（海洋音響学会編、成山堂書店）
「海洋音響用語辞典」（海洋音響学会編、成山堂書店）

・ネット上の情報

「www.navalnews」（https://www.navalnews.com/）
川崎重工業の「SPICE」（https://www.khi.co.jp/pressrelease/detail/20210518_1.html）
「TITAN」（ネットに多数の情報があります）

INDEX

数字

英字

あ行

か行

さ行

た行

な行

は行

●著者略歴

佐野　正（さの　ただし）

生来海の好きなアウトドア派が大阪大学工学部造船学科に入り、就職した川崎重工業株式会社では船舶事業部門の潜水艦設計部に配属され、以後約35年間潜水艦、潜水船、水中機器など主として海中工学分野の業務に従事してきた。

その間、海洋科学技術センター（現海洋研究開発機構）に出向し、「しんかい6500」および支援母船「よこすか」の建造に従事した。

潜水艦の分野では、潜水艦の開発・設計業務の他、潜水艦用鋼材に関する日米共同研究、潜水艦用スターリングAIPシステムの開発、潜水艦の設計・建造に3次元CADシステムの適用等に取組んできた。

また、歴任した潜水艦設計部長、技師長の立場で国内における防衛産業の基盤維持に関する提言も行ってきた。

その後、潜水艦で培われた幅広い技術を基に、中小企業の産業振興に関わる技術支援や産業創造を行う（公財）新産業創造研究機構（NIRO）を経て、2016年4月より「ひょうごTTO（Technology Transfer Office）合同会社」代表。元神戸大学客員教授。神戸信用金庫技術顧問。

■本文イラスト 四宮　史之

潜水艦のメカニズム完全ガイド
[第2版]

発行日　2023年11月 2日　　第1版第1刷

著　者　佐野　正

発行者　斉藤　和邦
発行所　株式会社　秀和システム
〒135-0016
東京都江東区東陽2-4-2　新宮ビル2F
Tel 03-6264-3105（販売）Fax 03-6264-3094
印刷所　三松堂印刷株式会社　Printed in Japan

ISBN978-4-7980-6937-1 C0053